비비

초판 1쇄 2002년 3월 25일

지은이 루이스 배럿 | 옮긴이 윤소영
펴낸이 한혁수

편집장 김혜정
편집부 전미연, 김영옥, 정경원, 한주연
디자인 홍인선
마케팅 정대광, 이은숙, 반수규

펴낸곳 도서출판 다림 서울 강남구
역삼동 838-9 거암빌딩 3층
전화 566-9577, 538-2913~4 팩스 563-7739
등록 1997.8.1. 제1-2209호

ISBN 89-87721-48-5 03490

Baboons

비비

루이스 배렛 지음 | 윤소영 옮김

다림

차 례

적응 잘 하는 원숭이

적응 잘 하는 원숭이

지평선 위로 여명의 하늘이 아슴푸레 열리더니, 붉은 눈의
멧비둘기들이 구르르구르르 우는 소리가 동아프리카 사바나의
고요한 대기에 부드럽게 울려 퍼진다. 하늘이 점점 밝아지면서
한 무리의 노란개코원숭이들이 아카시아 숲의 나무들을
타고 내려와 모여든다. 그러고는 슬슬 움직이기 시작한다.
처음에는 어린 티를 벗지 못한 비비들이 활발하게 움직이면서
어미 곁을 떠나 같이 놀 또래친구를 찾아다닌다. 이 나무에서
저 나무로, 이 가지에서 저 가지로 쫓아다니더니, 서로 붙들고
신이 나서 레슬링을 하기도 한다. 어른 비비들은 좀더 차분하게
하루를 시작한다. 암컷들이 서로 털고르기를 해 주면서 나직이
가르릉거리는 소리가 간간이 들려온다. 그들은 가까이 모여 앉아
털 속을 샅샅이 살피면서 진드기 같은 벌레들을 찾는다.
그러다 보면 두어 마리 비비가 먹이를 찾아 잠자리를 떠난다.
비비의 하루가 다시 시작된 것이다.

◀◀ 비비는 매우 다양한 먹이를 먹는다. 사진에서는 남아프리카의
차크마개코원숭이가 아프리카흑단의 잎을 먹고 있다.

비비의 하루

아프리카 대륙 곳곳의 비비(개코원숭이)들은 이렇게 하루를 시작한다. 잠자리에서 한 시간 정도 털고르기와 놀이를 한 뒤에야 일과(먹이 찾기)를 시작하는 것이다. 이렇게 한가로운 아침은 주로 먹이가 풍부한 철에 볼 수 있는 풍경이다. 먹이를 구하기 힘든 계절에는 이런 사치를 누릴 수가 없다. 그래서 동이 트기도 전에 잠자리를 떠나 먹이를 찾아다녀야 한다. 지중해 연안과 비슷한 온대 기후인 아프리카 대륙의 남단 지역에서는, 겨울 아침이면 날씨가 너무 추워서 어슬렁거리며 돌아다닐 수 없다. 혈액 순환을 빠르게 하고 체온을 올리기 위해서 빨리 움직여야만 하는 것이다.

하지만 이런 사정도 노란개코원숭이들과는 아무 상관도 없다. 이들은 케냐와 탄자니아의 열대 사바나 지역에 살고 있기 때문이다. 한두 비

비가 잠자리를 떠나 먹이를 찾아 이동하기 시작하면 노란개코원숭이의 이 느긋한 아침 한때도 서서히 끝이 난다. 느릿느릿, 다른 비비들도 모두 그 뒤를 따르기 시작한다. 위험한 포식자들이 활보하는 지역이라면, 위험에 처하지 않도록 무리를 지어 다니는 것이 무엇보다도 중요하다. 비비들은 잠자리를 떠나 이리저리 돌아다니다가 우연히 발견한 먹이를 이용하기도 하지만, 먹이가 특히 풍부한 곳을 향해 우르르 몰려간 다음 그곳에서 그 날 소비할 식량을 찾기도 한다. 대부분의 다른 아프리카 원숭이들과 달리, 비비들은 깨어 있는 거의 모든 시간을 땅 위에서 보낸다. 나무에 올라가는 것은 어쩌다 한 번씩 나무열매나 아카시아 꼬투리를 따먹을 때뿐이다.

오전 아홉 시경이면, 대부분의 비비는 열심히 아침을 먹고 있다. 예외가 있다면 어린 비비들뿐이다. 그들은 먹이 찾기 대열에서 빠져 나와 잠자리에서 시작한 놀이를 계속하곤 한다. 또 새끼

비비는 아프리카 대륙의 모든 원숭이 중에서 가장 넓은 지역에 분포해 있다. 그들은 사하라 사막 이남의 거의 모든 지역에 서식하고 있다.

를 가질 수 있는 암컷들이 무리에 끼여 있다면, 수컷들도 먹이에 정신을 집중하기 어려울 것이다. 비비의 암컷은 짝짓기할 준비가 되면, 궁둥이의 살갗이 부풀어올라 밝은 분홍빛을 띤다. 이런 상태의 암컷을 본 수컷들은 최대한 자주 암컷과 짝짓기하려고 한다. 그들은 암컷의 일거수일투족도 놓치지 않으려고 한다. 그리고 어떻게든 무리의 다른 모든 수컷을 제치고 자기가 암컷에 다가가려고 한다. 그러다 보니 먹는 데에는 소홀

할 수밖에 없다. 암컷을 두고 겨루는 수컷들은 평소보다 먹는 시간이 20% 정도 줄어든다. 반면, 어린것들이 딸린 암컷들은 다른 일은 모두 접어두고 먹는 데에만 몰두한다. 젖을 생산하는 것은 쉬운 일이 아니기 때문이다. 새끼들을 배불리 먹이기 위해 암컷들은 먹는 시간을 75%까지 늘려야 한다. 어미가 열심히 먹고 있으면, 새끼는 그 노력에 화답이라도 하듯 어미의 가슴에 달라붙어 열심히 젖을 먹는다. 좀더 자란 새끼비비들은

경마장의 기수처럼 어미의 등에 올라타기도 한다.

무리지어 이동할 때면 비비들은 나지막한 소리를 서로 교환한다. 어쩌다 한 마리가 무리와 헤어지면 길을 잃었다는 신호로 짧고 날카롭게 소리를 지른다. 그 소리에는, 주위를 둘러보고 혼자라는 것을 알게 된 비비의 놀라움과 슬픔이 배어 있는 것 같다. 때로는 한 무리의 비비가 먼 곳에 있는 다른 무리를 발견하기도 하는데, 이때에는 갑자기 소리가 높아진다.

그러다가 다른 비비들이 너무 가까이 다가오면, 수컷들은 큰 소리로 울부짖으면서 다른 무리의 수컷들과 접촉하지 못하도록 암컷들을 뒤로 보낸다. 다른 무리를 발견한 비비 무리는 대체로 방향을 바꾸므로, 두 무리가 실제로 마주치는 일은 거의 없다. 방향을 바꿀 때면 비비들은 더 자주 소리를 교환해서 서로를 확인한다. 새로운 길로 들어설 때 낙오하는 비비가 생기지 않도록 하려는 것이다.

정오가 다가오면서 중천으로 떠오른 태양은 참을 수 없을 정도로 뜨거운 햇빛을 내쏜다. 이제 햇빛이 쏟아지는 초원에서는 더 이상 먹이를 찾을 수 없다. 비비들은 그늘진 아카시아 숲으로 돌아가 태양의 열기가 수그러들 때까지 휴식을 취한다. 뜨거운 해가 설핏 기울면, 비비들은 아침에 떠났던 잠자리 방향으로 돌아가거나, 아니면 좀더 가까운 곳에 있는 다른 잠자리를 향해 가면서, 다시 한번 먹이를 찾기 시작한다.

먹을 것을 구하기 힘든 하루였다면, 비비들은 해질녘이 될 때까지 계속 먹이를 찾다가 나무 위

 **투표하는 비비**

아프리카 북동부에 사는 망토개코원숭이들은 아침마다 그 날의 행선지를 놓고 투표를 한다. 우선 두세 마리의 수컷들이 무리의 외곽으로 이동해서 서로 다른 방향을 보고 앉는다. 그러면 다른 수컷들이 이 수컷들 뒤에 한 줄로 서서, 가고 싶은 방향을 표현한다. 수컷들은 '통보'라는 행동을 하기도 한다. 한 마리가 다른 비비에게 뛰어가 급히 멈추고는 그 얼굴을 뚫어지게 쳐다보다가 뒤로 돌아 꽁무니를 보여 주는 것이다. 통보하는 수컷은 다른 비비들에게 자기가 가고 싶은 방향을 알려 주는 것으로 보인다. 다수결로 방향이 모아지면, 모든 비비들이 그 날의 먹이를 찾으러 나선다.

◀ 비비는 매우 사교적인 원숭이이다. 그들은 100마리 이상의 무리를 이루어 살기도 한다.

로 올라가 자리를 잡는다. 춥고 비가 오는 날에는 하루 일정을 적당히 조절해서 결국은 적당한 잠자리를 찾아가 잠을 이룰 수 있도록 한다. 비교적 편한 날 저녁에는 다시 한 번 잠자리 둘레에 모여서 나른한 털고르기 모임을 갖는다. 아직 힘이 남아돌아 뛰놀 수 있는 어린 비비들도 이 때만큼은 대부분 조용히 앉아서 엄마, 이모, 할머니들의 털고르기에 몸을 맡기고 행복에 젖는다. 땅거미가 깔리면 비비들은 밤의 안식처가 될 나무나 절벽 위로 하나둘씩 올라간다. 몇몇은 캄캄해져서 눈 앞이 잘 보이지 않을 때까지 계속 털고르기를 한다. 모든 비비가 자리를 잡고 밤의 잠자리를 찾기까지 한동안은 나직한 소리가 계속된다. 비비의 하루가 저무는 소리가……

▲ 노란개코원숭이들이 메마른
강바닥에서 먹이를 찾거나
휴식을 취하고 있다. 하루 중
가장 뜨거운 때가 되면 대부분의
비비가 그늘로 찾아든다.

◀ 수가 많으면 일단 안심이다.
차크마개코원숭이들이 보츠와나
공화국, 오카방고 삼각주의
늪지대를 줄지어 건너고 있다.

▶ 안전한 잠자리

잠자리의 선택에서 최우선으로 고려할 사항은 안전이다. 어둠 속에서 잘 볼 수 없는 비비들은 잠자리를 정할 때면 언제나, 표범 같은 야행성 포식자들이 갑자기 공격할 수 없는 곳인지를 확인한다. 그래서 나무 위나 높은 바위절벽 위에서 잠을 자고, 서로 가까이 붙어지낸다. 훌륭한 잠자리의 또 다른 조건은 물기가 없고 따뜻해야 한다는 것이다. 밤에는 기온이 뚝 떨어질 수 있기 때문이다. 좋은 잠자리는 체온 유지를 도와서 귀한 에너지를 낭비하지 않도록 해 준다. 비비들은 대부분 같은 장소를 여러 번 사용한다. 곳에 따라서는 적당한 장소가 적기 때문에 여럿이 한데 모여서 잠을 자야 한다.

아프리카 대륙의 정복자

비비는 우람하고 듬직한 체격의 원숭이로, 다 자란 수컷 비비의 평균 몸무게는 22~30kg, 다 자란 암컷은 12~15kg이다. 하지만 에티오피아와 아라비아에 사는 망토개코원숭이는 이보다 작아서, 다 자란 수컷의 몸무게가 17kg, 암컷은 9~10kg에 불과하다. 하지만 꼬리 달린 원숭이로서는 망토개코원숭이도 큰 편이라고 할 수 있다. 나무에 사는 원숭이들은 몸무게가 6~10kg에 불과하기 때문이다.

비비는 깨어 있는 동안은 대체로 땅에서 지내는데, 이 사실은 비비의 큰 몸집이 포식자들로부터 이들을 지켜준다는 것을 시사한다. 실제로 다 자란 비비의 안전을 위협하는 동물은 표범과 사자뿐이다. 하지만 새끼비비들은 커다란 맹금류의 공격을 받기도 하고, 침팬지와 함께 서식하는 곳에서는 침팬지들에게 사냥을 당하기도 한다.

비비들이 땅에서 산다는 것은 그들의 손과 발이 높은 나뭇가지를 붙잡기보다 땅 위를 걷기에 더 적당하다는 뜻이다. 나무에 사는 원숭이들은 높은 곳의 나뭇가지에서 쉽게 균형을 잡을 수 있도록 팔보다 다리가 더 길다. 반면 비비들은 팔과 다리의 길이가 거의 같다. 그들은 균형 잡는 일은 걱정할 필요가 없지만, 위험한 것이 없는지 땅을 잘 살펴보아야 한다. 그리고 긴 팔 덕분에

◀ 서아프리카에 사는 기니개코원숭이의 털은 다른 사바나개코원숭이들의 회갈색 털과 달리 붉은 빛이 돈다.

▶ 에티오피아의 겔라다비비는 가슴 부분에 맨살이 빨갛게 드러난 곳이 있다. 그래서 이들은 '블리딩하트' 비비라는 별명을 갖는다.

목을 길게 빼지 않고도 포식자의 존재를 빈틈없이 살필 수가 있다. 이렇듯 땅에서 살기에 적당한 몸을 가진 비비들도 나무를 타고 오를 수 있다. 물론 다 자란 것들은 큰 몸집 때문에 그리 잘 타지 못한다. 또 에티오피아에 사는 겔라다비비의 경우는 지상에서의 생활에 너무 적응해서 나무타기가 상당히 서툴다.

비비는 주둥이가 앞으로 튀어나와 있기 때문에 얼굴이 개와 비슷해 보인다. 귀는 조그맣고 머리에 납작하게 붙어 있다. 다 자란 수컷은 주둥이의 돌출 부분이 더 뚜렷하고 코 양옆으로 튀어나온 부분을 갖고 있다. 수컷들은 또한 매우 길고 날카로운 송곳니가 있는데, 이는 암컷의 송곳니보다 두 배나 크다. 수컷들은 이 송곳니를 아래턱에 나 있는 이빨에 대고 갈아서 날카롭게 만든다. 수컷의 이 가는 소리는 곧 싸움이 벌어질 조짐을 알려 주는 것이다.

비비의 눈은 작은 눈동자가 안쪽으로 치우친 모들뜨기 눈으로 시력이 매우 뛰어나다. 그래서 비비들은, 그들이 무엇을 쳐다보고 있는지 사람들이 알아채기도 전에 멀리 떨어져 있는 사물을 발견하곤 한다. 시력은 비비의 가장 중요한 감각이다. 비비는 표정이 매우 다양해서, 그것을 통해 다른 비비들에게 위협, 복종, 사이좋게 지내자는 등의 의미를 전한다. 그들은 또한 여러 가지 소리를 내기도 한다.

비비의 털은 잿빛이 도는 갈색이지만, 아프리카의 어느 지역에 서식하는가에 따라 빛깔이 각각 다르다. 그들의 몸을 덮은 털은 짧고, 가슴과

★ 비비의 엉덩이에는 방석 비슷한 살이 달려 있다. 비비는 이 살 덕분에 딱딱한 바닥에도 편안하게 앉을 수 있다.

배 부분의 털은 훨씬 더 가늘다. 부분적으로 드러나는 살갗은 엷은 푸른빛을 띠기도 한다. 수컷 비비들은 머리와 어깨에 걸쳐 인상적인 갈기가 나기도 한다. 이 긴 털은 싸움을 할 때 몸집이 커 보이도록 해서 상대를 위협하는 역할을 한다. 비비들은 나무 타는 원숭이들보다 꼬리가 짧고, 몸에 붙은 쪽의 $\frac{1}{3}$은 뻣뻣해서 위로 곧게 뻗어 있다. 새끼들이 어미 등에 올라탈 때에는 이 부분을 등받이로 이용하기도 한다. 꼬리의 길이와 모양이 종류에 따라 크게 다르기 때문에, 꼬리 모양만으로 비비를 구별할 수도 있다.

다 자란 비비들은 걸음걸이에 절도와 위엄이 있으며, 몸집이 작은 다른 원숭이들에 비해 거동이 침착하다. 반면에 어린것들은 매우 활발해서 이리저리 뛰어다니다가 우연히 발견한 것들을 헤집고 코를 쑤셔 박는다. 비비들은 겉모습만 보면 조용해 보이지만, 실은 상당히 쉽게 흥분하고 화도 잘 낸다. 그래서 사소한 시빗거리 때문에 싸움이 벌어지면 금세 날카로운 고성이 오간다. 비비 무리의 출현은 대부분 그 모습보다는 소리를 듣고 알게 된다.

비비는 호기심도 많고 영리하다. 그들은 주위

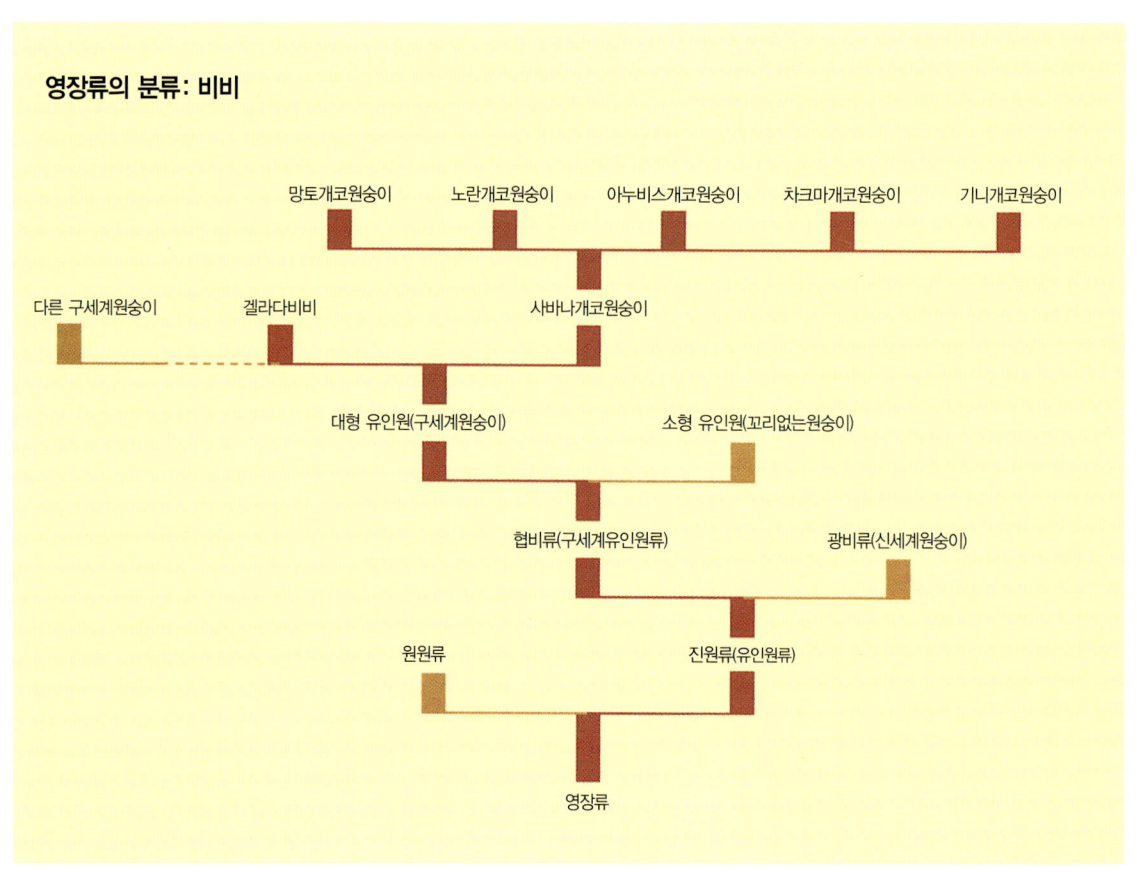

영장류의 분류: 비비

망토개코원숭이　노란개코원숭이　아누비스개코원숭이　차크마개코원숭이　기니개코원숭이

다른 구세계원숭이　젤라다비비　사바나개코원숭이

대형 유인원(구세계원숭이)　소형 유인원(꼬리없는원숭이)

협비류(구세계유인원류)　광비류(신세계원숭이)

원원류　진원류(유인원류)

영장류

에서 새로 발견한 것들을 끊임없이 조사한다. 어린 비비와 수컷들은 암컷들보다 모험을 더 즐긴다. 암컷들은 대체로 조심성이 더 많다.

비비의 분류

비비는 아프리카 대륙의 모든 원숭이 중에서도 가장 번성한 동물이다. 그들은 북으로는 에티오피아 산악 지방의 고원에서부터, 멀리 남쪽으로는 희망봉 연안의 관목 덤불에 이르기까지 곳곳에 깃들여 살고 있다. 그리고 서쪽으로는 세네갈의 습한 삼림 지대에서부터 동쪽으로는 케냐와 탄자니아의 드넓은 사바나에 이르기까지 아프리카 대륙 곳곳에 분포한다. 홍해 건너편의 아라비아 반도에는 망토개코원숭이들이 서식한다. 그들이 이제는 바다 밑으로 가라앉은 육로를 건너 제 힘으로 그 곳에 도착했는지, 아니면 사람들이 그 곳으로 옮겨 놓았는지는 확실하지 않다. 비비는 사막에서도, 열대 우림에서도, 산악 지대에서도 볼 수 있다.

비비는 한 속에 단 한 종이 있는 두 개 속으로 분류된다. 그 두 속은 테로피테쿠스와 파피오속으로, 테로피테쿠스속에는 겔라다비비 한 종이, 파피오속에는 사바나개코원숭이 한 종이 포함된다. 사바나개코원숭이는 다양한 모습을 갖고 있기 때문에 처음에는 다섯 종으로 분류되었다. 하지만 모든 사바나개코원숭이들이 서로 교잡해서 자손을 낳을 수 있기 때문에, 지금은 사바나개코원숭이를 하나의 종으로 보고, 다섯 아종으로 분류하고 있다. 여기에는 노란개코원숭이, 아누비

◀ 비비는 구세계원숭이들의 후예이다. 비비에는 겔라다비비와 사바나개코원숭이의 두 종이 있다. 사바나개코원숭이는 다시 다섯 아종으로 분류된다.

▲ 비비는 땅 위와 땅 속을 불문하고, 거의 모든 곳에서 먹이를 찾을 수 있다. 이 어린 차크마개코원숭이는 소시지 모양 열매가 열려서 '소시지나무'로 불리는 능소화과의 교목, 키겔리아 아프리카나 열매를 씹고 있다.

스개코원숭이, 기니개코원숭이, 차크마개코원숭이, 그리고 망토개코원숭이가 포함된다.

이들 중에서 망토개코원숭이는 그 모습이나 행동이 다른 것들과 눈에 띄게 다르다. 망토개코원숭이는 다섯 아종 중 가장 북쪽에서 사는데, 서식지는 에티오피아, 수단, 소말리아, 아라비아 남부 연안의 관목이 우거진 건조한 땅과 사막이다. 이들의 분포 지역은 아누비스개코원숭이의 분포 지역으로 연결된다.

아누비스개코원숭이는 에티오피아에서부터 탄자니아 북부를 거쳐 서아프리카를 가로질러 분포한다. 노란개코원숭이는 탄자니아에서 감비아와 북부 모잠비크를 거쳐 앙골라를 가로질러 분포하며, 차크마개코원숭이는 감비아 중부에서부터 남아프리카의 희망봉에 이르기까지, 남아프리카 곳곳에 서식한다. 기니개코원숭이는 서아프리카의 좁은 지역에서만 살고 있다. 이들과는 다른 종에 속하는 젤라다비비도 에티오피아 시멘산의 산악 고지라는 제한된 서식지에서만 산다. 기니개코원숭이의 털은 불그스름한 반면,

 ## 비비의 먼 친척들

맨드릴개코원숭이와 드릴개코원숭이는 땅에 사는 커다란 원숭이들이다. 서아프리카의 열대림에 서식하는 이 두 종은 비비와 매우 닮았다. 몸집도 비슷하게 크고 튼튼하며 개처럼 생긴 주둥이도 갖고 있다. 가장 큰 차이는 비비와 달리 꼬리가 매우 짧다는 것이다. 이들은 이런 모습 때문에 비비의 한 종류로 생각되어 이름에도 개코원숭이라는 말이 붙어 있다. 하지만, 최근 혈액 단백질과 DNA 분자를 조사한 결과 이들은 비비보다는 또 다른 삼림원숭이, 맹거베이원숭이와 더 가까운 친척간이라는 것이 밝혀졌다.

a

b

아누비스개코원숭이의 털은 올리브색이 감도는 회색이다. 아누비스개코원숭이들은 다른 비비들에 비해 건장하고 뼈대가 굵으며 코끝이 튀어나와 있다. 또 다 자란 아누비스개코원숭이의 수컷은 숱이 많고 긴 갈기를 갖는다.

노란개코원숭이의 털은 노란색으로 몸이 호리호리하고 다리가 길며 위를 향한 코를 갖고 있다. 수컷은 목덜미에 풍성한 갈기가 나 있다. 남아프리카의 차크마개코원숭이는 털빛이 매우 진하고 목덜미와 어깨에 검은 털이 나 있다. 또 수

컷들은 어깨 주위에 망토를 걸친 것 같은 긴 털이 나 있다. 망토개코원숭이는 겉모습이 다른 사바나개코원숭이들과 크게 다르다. 이들은 다른 비비들보다 몸집이 훨씬 작으며, 털은 밝은 회색이고 얼굴과 엉덩이는 분홍색을 띤다. 수컷은 암컷보다 훨씬 크고 머리 옆에서부터 어깨까지 마치 망토를 입은 것 같은 기다란 갈기를 갖고 있다.

겔라다비비의 수컷도 갈기가 있는데, 망토개코원숭이의 갈기보다도 길고, 부드럽고, 화려하다. 겔라다비비는 암수 모두 가슴 부분에 빨갛게

사바나개코원숭이의 다섯 아종
(a) 망토개코원숭이,
(b) 아누비스개고원숭이,
(c) 기니개코원숭이,
(d) 차크마개코원숭이,
(e) 노란개코원숭이,
(f) 겔라다비비는 테로피테쿠스 속의 유일한 종이다.

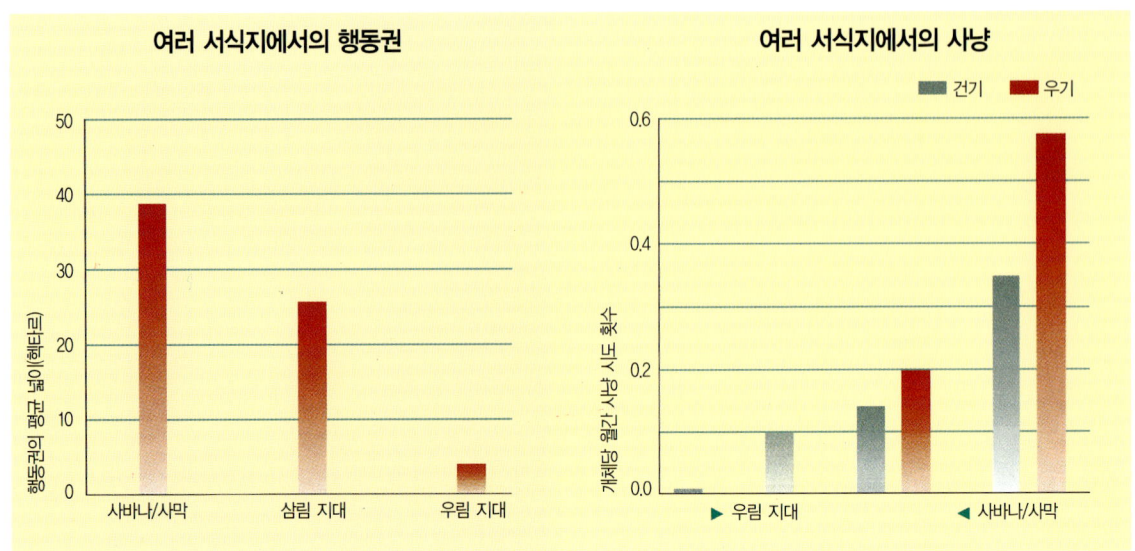

여러 서식지에서의 행동권

세로축: 행동권의 평균 넓이(헥타르)
50, 40, 30, 20, 10, 0

가로축: 사바나/사막, 삼림 지대, 우림 지대

여러 서식지에서의 사냥

범례: 건기, 우기

세로축: 개체당 월간 사냥 시도 횟수
0.6, 0.4, 0.2, 0.0

가로축: ▶ 우림 지대, ◀ 사바나/사막

▲ 식물이 별로 없는 척박한 서식지에 사는 비비들은 행동권이 넓고 고기를 먹는 경우도 많다.

▶ 비비는 식물의 열매를 매우 좋아하는데, 이런 먹이는 먹기에도 편하다. 다른 먹이를 찾아서 먹으려면 더 많은 노력을 해야 한다.

맨살이 드러난 부분이 있다. 그래서 겔라다비비를 '블리딩하트(피 흘리는 가슴)'라는 별명을 붙여 부르기도 한다.

잡종 비비도 번식력이 있어서 새끼를 낳을 수 있다. 이는 비비들 간의 차이가 외관상의 차이에 불과하다는 뜻이다. 다른 포유류 중에도 서로 짝짓기를 해서 잡종을 낳는 것이 있다. 예를 들면 암말과 수나귀가 짝짓기를 해서 노새를 낳는 식이다. 하지만 이런 잡종은 어버이 간의 유전적 차이가 너무 커서 수정란과 정자를 만들지 못하므로 새끼를 낳을 수 없다. 서로 다른 비비들이 잡종을 만들어 번식력이 있는 자손을 낳는다는 사실은, 비비들이 서로 모습은 달라도 실제로는 같은 종이라는 것을 뜻한다. 오랜 시간이 흐르는 동안 모습과 습성은 달라졌지만, 중요한 유전적 변화는 일어나지 않았다는 것이다. 한꺼풀 벗기고 보면, 비비는 모두 같다.

다양한 식생활

비비는 강인한 동물이다. 그들은 매우 주목할 만한 방식으로 극한의 기온과 강우량을 견디고 이겨 낼 수 있다. 모든 상황에 대처하는 이런 능력은 비비가 하나의 종으로서 놀라운 성공을 거둔 이유를 부분적으로나마 설명해 준다. 그들이 번성할 수 있었던 또 하나의 열쇠는 모든 것을 거의 먹을 수 있다는 점이다. 대부분의 비비는 놀랄 만큼 다양한 것들을 먹는다. 그들은 열매, 나뭇잎, 씨앗, 풀, 꽃, 뿌리, 줄기에다 어린 싹, 나무진, 곤충, 심지어 고기까지 먹는다. 그렇다고 비비들이 닥치는 대로 아무것이나 집어삼키는 것은 아니다. 비비는 자신의 서식지에서 발견한 것은 무엇이든 먹는다고 해도 과언이 아니지만, 음식물의 어떤 특별한 부분만 골라먹는 경우가 많다. 예를 들어 그들은 어떤 나뭇잎은 잎자루(나뭇잎과 줄기 사이의 연한 부분)만 먹고, 또 어떤 것은 꽃봉오리만 먹는다. 그리고 5분 정도의 시간을 투자해서 커다란 사초를 파낸 다음, 잠깐 사이에 그 뿌리를 세심하게 갉아먹기도 한다. 비비는 먹이에 대해 다양성과 함께 안목까지 두루 갖추고 있다. 그들은 또한 땅 위의 먹이는 물론 땅속의 먹이도 먹을 수 있다.

비비의 손은 사람 손과 비슷하게 생겨서 엄지손가락과 집게손가락으로 작은 물건도 집을 수 있다. 그래서 풀잎이나 꽃잎을 하나하나 뽑아 낼 수도 있고, 콩깍지도 벗길 수 있다. 또한 땅에 떨어진 사과씨 만한 작은 씨앗도 집을 수 있다. 비

★ 남아프리카의 나미브 사막에 사는 비비들은 물 없이도 100일이나 버틸 수 있다.

비는 이 모든 일을 매우 빠른 속도로 할 수 있으므로, 짧은 시간에도 아주 많은 씨앗을 먹을 수 있다. 남아프리카공화국의 드라켄즈버그 산맥에 사는 차크마개코원숭이를 연구하던 영장류학자 앤드류 화이튼(Andrew Whiten)은 다섯 마리의 비비가 2시간 30분 동안 30,000개가 넘는 모레아 꽃을 먹는 것을 확인했다. 손놀림이 이렇게 정교하다는 것도 비비들이 사바나에 자리 잡고 사는 데 성공할 수 있었던 이유가 된다. 대부분의 원숭이들이 사는 숲 속에서와 달리, 열대 초원 지대에는 나무에 매달려 있는 먹이만 있는 것은 아니다. 비비들은 땅 속의 풍부한 자원을 채취함으로써 먹을 것이 귀한 궁핍한 시기도 잘 견뎌 낼 수 있다. 에티오피아의 망토개코원숭이와 남아프리카의 차크마개코원숭이들은 매년 일정 기간은 뿌리와 알뿌리, 알줄기(땅속줄기의 일종) 같은 것들에 의존해서 산다.

정교한 손놀림으로 이런 자원들을 활용할 수 없다면, 비비들은 온전히 살아남을 수 없을 것이다.

뛰어난 채집 기술

비비들은 땅 속에 숨어 있는 맛있는 알줄기나 알뿌리를 능숙하게 찾아 낸다. 먹이가 있음을 알려 주는 단서는 땅 위로 비죽 머리를 내민 작은 새싹에 불과한 경우도 많다. 이런 새싹을 발견한 비비는 그 주위의 흙을 집게손가락으로 긁어서 파기 시작한다. 그래서 작은 구멍이 만들어지면, 양손으로 더 열심히 판다. 이 때의 비비는 뼈다귀를 찾으려고 땅을 파는 개와 비슷한 모습이다. 충분히 깊은 구멍이 생기면, 비비는 다시 한 번 집게손가락을 이용해서 알줄기나 알뿌리를 잡고 흔들어 흙에서 빼낸다. 그러고는 위아래로 문질

더위 물리치기

비비는 극한 상황에도 대처할 수 있다. 예를 들어 나미브 사막에 사는 비비는 40℃가 넘는 기온을 이겨 내야만 한다. 비비는 여러 가지 행동 방식을 이용해서 날씨로 인해 빚어질 수 있는 최악의 상황을 피하려고 한다. 대부분의 아프리카 지역에서, 비비는 한낮이 되면 먹이 찾기를 잠시 접어두고 그늘에서 조용히 쉰다. 더 아래 남쪽의 서식지에서는 한기를 막는 것도 문제가 된다. 남아프리카 희망봉 연안의 비비들은 겨울이 오면, 자신의 행동권에서 험한 날씨를 가장 잘 피할 수 있는 곳을 찾아 잠자리를 만들어서 힘을 비축한다.

▶ 비비는 매우 강한 턱과 이빨이 있기 때문에 열매 둘레의 두꺼운 껍질을 금방 벗겨 낼 수 있다.

◀ 비비는 땅 속에서 많은 먹이를 찾는다(때로는 그 땅이 물에 잠긴 경우도 있다). 차크마개코원숭이가 수련 줄기를 채취하고 있다.

▶ 비비들은 고기를 좋아하지만, 사냥에 나서는 일은 매우 드물다. 주로 다른 먹이가 부족한 척박한 땅에서 사냥이 이루어진다.

러 거기 붙은 흙과 모래알을 털어 낸다.

비비들은 개미집도 비슷한 방법으로 파낸다. 그들은 많은 병정개미와 일개미가 딸려 있는 개미집을 꺼낸 다음, 재빨리 핥고 가능한 한 많이 물어뜯는다. 이 때에는 신속하게 행동해야 한다. 개미들이 구름처럼 몰려 나와 비비의 몸을 공격하기 때문이다. 개미들이 촘촘한 털 속으로 들어가서 깨물기 시작하면 상당히 아프다. 비비에게는 꿀도 귀한 먹이가 된다. 그들은 벌집의 위치를 본능적으로 알아내는 것처럼 보인다. 어떤 지역에서 꿀벌이 날아다니는 것을 보면 비비는 벌집이 있을 것 같은 땅 구멍을 살피면서 벌집을 찾기 시작한다.

비비는 열매도 매우 좋아한다. 아누비스개코원숭이가 좋아하는 것은 프리클리 페어라는 선인장의 열매인데, 그 표면에는 열매를 감싸서 보호하고 동물들이 먹지 못하도록 작고 따가운 털

이 나 있다. 하지만 비비에게는 이런 털도 문제가 되지 않는다. 그들은 이 열매를 쳐서 떨어뜨린 다음, 흙 속에서 이리저리 굴려 입과 목을 자극할 만한 털을 모두 제거한 다음에야 먹기 때문이다.

남아프리카공화국 줄루랜드의 삼림 지대에 사는 차크마개코원숭이들은 자기 서식지의 열매들을 최대한 활용한다. 어떤 나무로는 두 번이나 잔치를 벌일 정도이다. 마룰라 나무가 열매를 맺으면, 비비는 나무 위로 올라가 달콤한 과육을 먹는다. 그 속의 단단한 종자는 먹지 않고 땅으로 던져 버리는데, 그 주위에는 나무에서 떨어진 종자들도 널려 있다. 비비들은 이 종자들이 땅 위에서 한두 달 정도 마르면 다시 돌아와 단단한 종자의 속을 먹는다. 이빨로 씨껍질을 쪼개서 연 뒤, 손가락으로 속을 꺼내거나 송곳니로 빼내는 것이다.

고기 먹는 비비

비비가 고기를 먹는 모습이 가장 자주 눈에 띄는 곳은, 다른 먹이의 공급이 부족한 황량한 서식지이다. 짐승을 사냥해서 고기를 먹기 위해서는 긴 시간과 많은 에너지를 쏟아야 한다. 따라서 비비들은 식물들로 필요한 양을 채울 수 없을 때에만 마지막 수단으로 사냥을 택한다.

모든 비비는 곤충이나 애벌레, 땅벌레, 새알 같은 몇 가지 동물성 식품을 섭취한다. 하지만 일부 지역의 비비는 고기를 먹는다는 것이 알려졌다. 그들은 풀숲에 숨어 있던 작은 새끼영양이나, 어쩌다 어미 품을 떠난 새끼타조들을 먹는다.

비비들이 먹을 수 있는 또 다른 고기는 거북이다. 희망봉의 서부 지역에서는 차크마개코원숭이들이 거북을 잡아서 마치 단단한 껍질에 쌓인 작은 고기 파이처럼 먹고 있는 것이 목격되었다. 이들은 작은 거북들만 잡아먹는다. 작은 것들은 등딱지가 얇아서 쉽게 깨뜨릴 수 있기 때문일 것이다.

적당한 크기의 거북을 발견하면, 비비는 그것을 들어올려 머리끝이 자신을 향하도록 한 채 등딱지 밑으로 앞니를 밀어넣는다. 거북은 비비가 건드리자마자 등딱지 속으로 몸을 숨기기 때문에, 비비는 별다른 저항 없이 작업을 계속할 수 있다. 앞니가 적당한 위치까지 들어가면, 비비는 세게 잡아당겨 등딱지를 쪼개서 연다. 그러고는 등딱지 속의 거북 고기를 먹는 것이다.

이따금씩, 실제로 잡아먹히지는 않았지만 등딱지에 물린 자국이 난 채 뒤집혀 있는 조금 큰 거북들을 볼 수 있다. 비비가 등딱지를 깨려다가 실패하고 버려둔 것들이다.

☆ 비비들은 턱 양쪽 바로 밑에 있는 볼 주머니 속에 먹이를 저장할 수 있다. 뺨 내부의 작은 틈으로 그 주머니 속에 먹이를 밀어 넣었다가 나중에 꺼내 먹는다.

채식주의자 비비

에티오피아의 겔라다비비는 다른 비비들이 보여 주는 다양한 식성과 비교해서 매우 예외적인 존재이다. 단 한 종류의 음식, 즉 풀(매우 다양한 풀을 먹기는 하지만)만 먹기 때문이다. 그들은 씨앗에서 뿌리줄기(가는 뿌리와 같은 구조의 땅속줄기)에 이르기까지 풀의 모든 부분을 먹는다. 이런 식단에 신물이 날 수도 있겠지만, 겔라다비비에게는 다른 선택의 여지가 없다. 그들이 사는 산악 지대는 너무 높아서 나무들이 잘 자라지 못하므로, 열매를 마음대로 따먹을 수 없기 때문이다. 또 이 곳의 초원에서 볼 수 있는 식물들은 저지대에서 자라는 것들만큼 다양하지 않다.

그러나 겔라다비비는 더할 나위 없이 행복해 보이며, 풀만 먹는 식단에도 잘 적응한다. 이들은 모든 비비 중에서도 손놀림이 가장 좋아서, 먹이를 매우 정확하게 잡을 수 있으므로 풀잎을 하나하나 재빨리 뽑을 수 있다.

겔라다비비는 풀밭에 궁둥이를 깔고 앉아 앞에 있는 풀들을 먹기 시작한다. 손이 닿는 곳에 있는 풀을 다 먹으면, 다른 종류의 비비들처럼 자리에서 일어나 새로운 풀밭으로 걸어가는 것이 아니라, 궁둥이를 끌고 가면서 계속해서 풀을 조금씩 먹어치운다. 이렇게 몸을 끄는 움직임은 겔라다비비가 넓은 곳에 골고루 퍼져 있는 풀을 먹기 위해 보여 주는 독특한 행동이다.

◀ 새끼 비비가 작은 꽃에 둘러싸여 있다. 어린 비비에게는 쉽게 딸 수 있는 꽃이 가장 좋은 먹이이다.

▶ 비비가 나무진을 먹고 있다. 나무진 속에는 중요한 영양소가 들어 있으며, 물이 부족할 때에는 수분도 공급해 준다.

번성하는 개체군

비비는 거의 모든 곳에서 먹이를 찾을 수 있다. 그들은 먹을 수 있는 모든 것을 샅샅이 조사하는 일에 지칠 줄도 모른다. 비상한 머리와 무엇이든 잘 다루는 손놀림으로 꼭꼭 숨어 있거나 쉽게 먹을 수 없는 먹이도 찾아 낸다. 또한 접근이 금지된 곳에도 약삭빠르게 들어가는 재주가 있어서, 종종 농경지나 여행객의 야영지에 침입하기도 한다. 그러다 보니 비비의 평판이 나빠진 것도 무리가 아니다. 아프리카의 여러 지역에서는 공식적으로 비비를 해로운 동물로 선언했을 정도이다. 이는 한편으로는 비비가 사람의 서식지에서도 잘 살 수 있는 능력이 있음을 말해 준다. 그런데 비비의 나쁜 평판에 관해선 사람도 일부 책임이 있다. 관광객들은 처음엔 비비를 귀여워하고 빵조각을 던져 준다. 그러나 비비들이 맛있는 먹이를 더 찾기 위해 캠프장을 엉망으로 만들고 사람의 손에서 공격적으로 음식을 빼앗아 가는 걸 보고 난 후에는 금세 그들에게서 매력을 잃는다. 비비가 식빵 한 조각에 들어 있는 열량을 보통 서식지에서 섭취하려면 하루 종일 먹이를 찾아야만 한다. 따라서 사람의 음식을 한 번이라도 맛본 비비는, 그 음식을 훔치기 위해서라면 무슨 일이든 서슴지 않고 저지를 수 있다.

비비가 관광지의 골칫거리가 되는 것을 막는 유일한 방법은, 사람들이 처음부터 비비에게 음식을 주지 않는 것이다. 그렇게 한다면 비비가 음식을 얻으려고 귀찮게 구는 일도 없을 것이다.

한편으로는 사람의 서식지에서 비비들이 이

렇게 번성할 수 있다는 사실에는 긍정적인 측면도 있다. 아프리카 대륙에 사는 다른 대형 포유류들이 대부분 멸종 위기에 처한 데 반해, 비비들은 오히려 수가 늘고 있다. 하지만 그렇다고 해서 너무 낙관해서는 안 될 것이다. 사람들은 종종 비비를 해로운 동물로 몰아서 소탕하려고 하는데, 이런 일이 계속되는 곳에서는 비비도 다른 종들처럼 절멸 위기에 빠질 수 있기 때문이다. 남아프리카공화국 케이프포인트의 비비 개체군에서는 실제로 이런 일이 일어났다. 이 곳에서는 많은 비비들이 총에 맞아 목숨을 잃었고, 그 결과 비비의 개체군이 더 이상 명맥을 유지할 수 없게 되었다. 남아 있는 비비를 보호하기 위한 획기적인 조치가 취해지지 않는다면, 앞으로 몇 년이면 그 곳의 비비들은 멸종할 것이다.

사회 생활

사회 생활

원숭이는 모든 영장류 중에서 가장 사교적이고, 비비는 모든 원숭이
중에서 가장 사교적이다. 비비 사회의 중심이 되는 것은 암컷들이다.
망토개코원숭이를 제외한 모든 종의 암컷들이 자신이 태어난 집단을
떠나지 않는다. 그들은 일가붙이들에 둘러싸여 자라고 평생 동안
친밀한 관계를 맺는다. 한편 수컷들은 암컷들보다 크고 강하지만
주변적인 역할밖에 하지 못한다. 그들은 고작 몇 년 동안만 한 집단에
머물다가 다른 곳으로 이주해서 새 삶을 개척해야 한다. 비비의
사회 생활을 이해한다는 것은 그들이 서로간에 관계를 맺고 유지하는
방법, 그리고 누구에게 털고르기를 해 주고, 누구에게 복종하고,
누구에게 위세를 부려야 할지를 배워 나가는 과정을 이해한다는 것이다.
그것은 또한 비비들을 독자적인 개체로 본다는 것을 의미한다.
그 어떤 비비도 다른 비비와 같지 않으며, 그들의 행동은 사회 생활을
통해 얻은 자신만의 독특한 경험을 반영하기 때문이다.

◀◀ 남아프리카공화국 크루거 국립공원의 차크마개코원숭이들.
어린 비비가 털고르기를 하는 두 마리 비비를 쳐다보고 있다.

비비의 무리

비비가 떼지어 있을 때에는 어린 새끼가 딸려 있는 암컷이 제일 가운데 자리를 차지한 경우가 대부분이다. 이는 어쩌면 의도된 것일 수도 있다. 가운데 자리가 더 안전하기 때문이다. 하지만 어미들이 새끼비비를 가까이 하고 싶어하는 다른 많은 비비들에 둘러싸여 있기 때문에 자연히 가운데 자리를 차지했을 수도 있다. 한편, 임신한 암컷들은 귀찮은 일이 적은 변두리에 머무르곤 한다. 새끼 낳을 준비를 하면서 온통 먹는 일에만 신경을 쓰는 편이 유리하기 때문이다. 몸이 무거워 빨리 움직일 수 없으니 다른 비비들과 부딪지는 것을 피하고 싶을 수도 있다.

비비 연구의 초창기에는, 어른 수컷들이 자기 무리의 암컷과 새끼들을 보호할 수 있는 위치를 잡는 것으로 생각되었다. 하지만 이는 잘못된 생각이었다. 문제가 생길 기미만 보여도 수컷들이 제일 먼저 달아나곤 하기 때문이다. 다 자란 수컷들은 약간 겉도는 모습을 보이기도 한다. 많은 수컷이 저 혼자 무리에서 떨어져 나와 먹이를 찾아 돌아다니고, 다른 것들보다 일찍 잠자리를 뜨곤 한다. 이런 경향은 주위 환경이 얼마나 위험한가에 따라 달라진다.

맹수들에게 잡아먹힐 위험성이 큰 곳에서는 수컷들도 무리를 이룬 곳에서 붙어 지낸다. 수컷들은 또한 발정한 암컷들에게 구애할 때에도 중심으로 모여든다. 짝짓기할 권리를 지키기 위해서 관심이 있는 암컷에 바싹 달라붙어 지내다 보니 좀더 가운데로 들어가게 되는 것이다.

태어난 지 얼마 되지 않은 어린 새끼들은 잠시도 어미 곁을 떠나지 않지만, 어느 정도 자라면 저희들끼리 놀이모임을 만들어서 이따금씩 어미 곁을 떠난다. 어린 비비들은 무리를 지어 먹이를 찾아다니기도 하는데, 그러면서 친구들로부터 어떤 것이 좋은 먹이인지 배우게 되는 것 같다.

아누비스개코원숭이의 암컷과 새끼들. 암컷들은 비비 사회의 핵심을 이루며, 일생 동안 같은 집단에 머무른다.

이런 젊은 패거리는 종종 서열이 높은 수컷에 매료되어 그의 팬클럽이 된다. 그들은 무리를 지어 그 수컷을 따라다니면서 먹다 남긴 것을 주워 먹기도 하고 그의 행동을 호기심 가득한 눈길로 지켜보기도 한다.

노란개코원숭이, 아누비스개코원숭이, 차크마개코원숭이의 집단은 20~150마리의 비비로 이루어지며, 평균적으로는 40~80마리 정도의 집단을 이룬다. 이 정도의 집단에는 보통 10~12마리의 다 자란 암컷과 2~5마리의 다 자란 수컷이 있으며, 나머지는 다양한 연령대의 어린 비비들로 채워진다. 비비의 무리는 하루에 1~5km를 이동한다. 집단이 클수록 이동 거리도 길어진다. 먹이가 귀할 때에는 하루에 9~10km를 돌아다닐 수도 있다.

피붙이들과 함께 살기

노란개코원숭이, 차크마개코원숭이, 아누비스개코원숭이 집단에서는 암컷들이 비비 사회의 핵심을 이룬다. 이는 어느 한 비비 집단에 속한 모든 암컷이 어떻게든 핏줄이 닿아 있다는 뜻이다. 비비의 집단은 암컷들의 확대된 대가족으로 이루어진다. 암컷 비비는 자신의 어미와 자매들, 이모들, 이종사촌들에 둘러싸여 자란다. 이렇게 암컷의 일가붙이들에 의해 형성된 집단을 모계 사회라고 한다. 비비의 암컷들은 부계 쪽으로도 혈연 관계를 맺을 수 있다. 비비의 집단에서는 짝짓기를 독차지하다시피하는 으뜸 수컷이 일정한 기간에 태어난 모든 새끼의 아비가 되기 때문이다. 이는 어미 쪽의 계통이 전혀 다른(그리고 집단 내의 서열이 전혀 다른) 두 암컷도, 모계는 같지만 아비가 다른 자매들과 마찬가지로 가까운 피붙이일 수 있다는 뜻이다. 암컷들은 물론 자기들이 이렇게 한 핏줄로 얽혀 있다는 것을 알 도리가 없다. 그리고 그 사실이 지위가 높은 암컷들이 자신의 이복 자매일 수도 있는 낮은 지위의 암컷들을 다루는 방식에 어떤 영향을 주는 것 같지도 않다.

암컷들이 피붙이들과 함께 사는 것은, 그것이 애초에 가장 쉽게 집단을 만들 수 있는 방법이기 때문이다. 사회 생활을 하는 집단은 진화하는 동안 하루 아침에 불쑥 생겨난 것이 아니라, 한 번에 한 단계씩 차근차근 쌓아올려졌다. 혼자 사는 동물들이 사회 집단을 이루는 가장 간단한 방법은 자손들이 다 자란 후에도 홀로 떨어져 나가지 않고 어미 곁에 남는 것이다. 또한 집단을 이루고 산다는 것은 어느 정도의 신뢰 관계를 필요로 하는데, 아무래도 남보다는 가까운 피붙이를 더 믿을 수 있을 것이다. 함께 자라는 암컷들은 자기 자신과 다른 개체들의 경험을 토대로 해서 다른 암컷의 신뢰도를 확인할 기회를 많이 갖게 된다. 이런 관계에서는 배반당할 가능성이 적다. 따라서 암컷 비비들에게는 피붙이들과 함께 살 충분한 이유가 있다.

암컷들이 평생 같은 집단에 머문다는 사실은 그 집단에서 태어난 수컷들에게는 정반대의 영향을 미친다. 근친간의 결합은 결함을 가진 자손을 낳을 위험이 있으므로 회피되는 것이 보통이다. 따라서 자신의 어미, 자매, 이모, 사촌들과 함께 사는 수컷은 짝짓기 상대를 선택할 기회가

◀ 늦은 오후에 차크마개코원숭이들이 먹이를 찾고 있다. 이들은 서로 잘 협조하며, 포식자가 공격해 오면 한 덩어리가 된다.

▲ 암컷 비비와 그 새끼들은 가까운 일가붙이들과 함께 산다. 암컷들은 서로 끈끈한 유대 관계를 맺는다.

★ 겔라다비비의 암컷들은 가슴에 흰색의 작은 수포를 여러 개 갖고 있는데, 암컷이 가임기에 들어 짝짓기할 준비가 되면 그것들이 부풀어오른다.

제한된다. 따라서 성적으로 성숙한 수컷 비비들은 새로운 곳을 찾아갈 수밖에 없다. 그들은 자신이 태어난 집단을 떠나 혈연 관계가 없는 암컷들이 있는 다른 집단을 찾는다. 하지만 수컷들이 한 번의 이주로 모든 문제를 해결할 수는 없다. 몇 년 동안 새로운 집단에서 지낸 수컷은 많은 자손을 갖게 되는데, 이들 중에는 암컷들도 있다. 이 암컷들이 성숙하면 자기 딸과 짝짓기를 하는 등 원래 집단에서 가졌던 근친간의 결합과 비슷한 문제에 부딪치게 된다. 따라서 수컷들은 일생 동안 이 무리 저 무리로 계속 이주할 수밖에 없다.

기니개코원숭이

노라개코원숭이, 아누비스개코원숭이, 차크마개코원숭이에 대해서는 많은 것이 알려졌지만, 기니개코원숭이의 사회 조직에 대해서는 밝혀지지 않은 것들이 많다. 이는 기니개코원숭이가 4 m나 되는 풀이 우거진 서아프리카의 습한 초원에서 살기 때문이다. 이런 환경에서는 비비를 쫓아다니며 관찰하기가 매우 어렵다. 지금까지 기니개코원숭이에 대한 자세한 조사는 단 한 차례 이루어졌다. 기니개코원숭이의 기본적인 사회 구조는 다른 사바나개코원숭이들과 다를 바 없지만, 이들은 훨씬 더 큰 집단을 이루어 사는 경향이 있다. 때로는 200마리나 되는 비비가 한 집단을 이루기도 한다. 이들이 큰 무리를 이루는 것은 풀이 우거진 사바나 삼림 지대에서는 주위가 잘 보이지 않기 때문에 포식자에게 기습당할 위험이 크기 때문이다. 위험을 알아챌 수 있는 눈과 귀가 많을수록 기습 공격을 당할 가능성은 작아진다. 이렇게 큰 집단의 모든 구성원이 어떻게 먹고 살까 하는 것도 문제가 되지 않는다. 기니개코원숭이들은 식량 자원이 매우 풍부한 서식지에서 살기 때문이다. 하지만 기니개코

◀ 망토개코원숭이의 암컷이 갓난 새끼와 눈을 맞추고 있다. 어미와 새끼들 사이에 형성되는 유대 관계는 매우 강력하다.

▶ 비비의 다양한 소리

비비는 매우 소란스러운 원숭이들이다. 그들이 내는 특징적인 소리는 수컷들의 '와후(wa-hoo)'라는 커다란 울부짖음이다. 수컷들은 낯선 비비 집단과 마주치거나 자기 집단의 다른 수컷들과 싸움이 붙었을 때, 또는 집단으로부터 떨어졌을 때 이 소리를 낸다. 혼자가 된 암컷이나 어린것들은 날카롭고 높은 소리로 비명을 지른다. 털고르기를 하는 동안 비비들은 나직이 끙끙거리는 소리를 주고받기도 한다. 때로는 독특한 소리로 인사를 하기도 한다.

원숭이의 집단은 다른 사바나개코원숭이 집단에 비해 훨씬 더 유동적이어서, 낮에 먹이를 찾는 동안에는 작은 무리들로 흩어진다. 이 식량 수색대는 보통 한 마리의 수컷과 새끼가 딸린 두세 마리의 암컷으로 이루어진다. 이런 무리를 이루는 것도 주위가 잘 보이지 않기 때문인 듯하다. 울창한 덤불 속에서 전체 집단이 먹이를 찾아 흩어져 나가면 계속 협조할 수가 없을 것이기 때문이다. 하지만 이 작은 무리들도 어떻게든 접촉을 유지하면서 수컷들이 내는 커다란 울부짖음으로 서로의 움직임을 확인한다. 하루해가 저물면 잠자리를 찾아가면서 전체 집단은 다시 하나가 된다.

하렘과 씨족

일반적으로, 차크마개코원숭이, 아누비스개코원숭이, 노란개코원숭이, 기니개코원숭이의 집단은 고도로 조직화되었다고 할 수 없다. 모든 구성원이 함께 지내고 위험을 피할 수 있도록 어느 정도 협조해서 활동하기는 하지만, 저마다 자기 일을 보기 때문이다.

망토개코원숭이와 겔라다비비는 이들과 달리, 훨씬 더 복잡한 사회를 이루어 살고 있다. 이들의 기본적인 사회 단위는 한 마리의 수컷과 많은 암컷, 그리고 그들의 자손으로 이루어진 하렘이다. 망토개코원숭이들은 두세 하렘이 결합해서 하나의 씨족을 이룬다. 한 씨족의 수컷들은 모두가 혈연 관계에 있는데, 대개는 형제간이다. 이런 씨족들은 한데 모여 약 60마리의 비비를 포함한 집단을 이룬다. 적당한 잠자리가 부족한 지역에서는, 여러 집단이 한 그루 나무나 절벽으로 모여들어서 함께 '잠을 자는 대집단'을 이루기도 한다.

겔라다비비도 2~25개 하렘을 포함한 집단을 이룬다. 낮에는 이런 집단들이 다시 결합해서 600마리나 되는 비비를 포함한 대집단을 이루어 먹이를 찾기도 한다. 겔라다비비가 사는 에티오피아 산악 지대처럼 매우 개방된 서식지에서는

◀ 겔라다비비는 600마리에 이르는 거대한 무리를 이루기도 한다. 이 대집단은 많은 하렘으로 이루어진다. 하렘은 한 마리의 수컷과 여러 암컷, 그리고 그들의 자손을 포함한다.

◀◀ 다가오는 밤을 맞아 어린 비비들이 자리를 잡는다. 어릴 적에는 어미 곁에 잠자리를 잡지만, 자라면서는 놀이친구들 곁을 더 좋아하게 된다.

이런 대집단이 포식자에 대한 방어 수단이 된다. 망토개코원숭이와 겔라다비비의 집단에는 자신의 하렘을 갖지 못한 성숙한 수컷도 포함되어 있다. 겔라다비비의 경우, 이들은 오래 지속되는 수컷들만의 무리를 이룬다.

이렇게 무리짓기 방식은 거의 같아 보이지만, 겔라다비비와 망토개코원숭들은 서로 상당히 다른 행동을 보여 준다. 겔라다비비의 경우, 한 하렘의 암컷들은 모두가 가까운 피붙이들로 서로에 대해 커다란 관심을 갖고 있다. 이에 비해 수컷은 오히려 주변적인 존재이다. 사교적인 암컷들과 달리 겔라다비비의 수컷들은 서로 무심하게 지낸다. 그리고 다른 수컷이 자기 자신이나 자기 암컷들에게 다가오면 경계의 눈초리를 보낸다. 반면, 망토개코원숭이의 수컷들은 서로 사귀는 모습을 보여 주고, 오히려 암컷들이 사교적이지 못하다. 망토개코원숭이의 경우, 한 하렘의 암컷들은 가까운 피붙이가 아니다. 그들은 자기

망토개코원숭이의 수컷은 여러 암컷들과 함께 작은 하렘을 이루어 산다. 이 하렘들이 모여 '씨족'을 이룬다. 한 씨족의 수컷들은 서로 혈연 관계에 있을 것이다.

 ## 사회 생활의 스트레스

겔라다비비의 경우, 사회적인 요인에 의해 암컷이 남기는 자손의 수가 영향을 받는다. 낮은 서열의 암컷들은 높은 서열의 암컷들보다 훨씬 더 긴 터울을 두고 새끼를 낳는다. 그들은 또한 더 많은 위협과 공격을 당한다. 이로 인해 핏속에 스트레스 호르몬의 양이 증가하면 생식을 위해 반드시 필요한 호르몬의 생산이 중단되는 것으로 보인다. 겔라다비비의 암컷들이 특별히 공격적인 것은 아니다. 평균적으로 한 암컷이 하루에 한 번씩 다른 암컷을 위협하는 정도이다. 하지만, 이렇게 드물게 일어나는 공격도 영향을 줄 수 있다. 이런 위협의 영향이 상당 부분, 주로 공격을 받는 낮은 지위의 암컷들에게 미치기 때문이다. 낮은 서열의 암컷들은 높은 서열의 암컷들에 비해 4~5달이 더 지난 뒤에 새끼를 갖는다.

하렘의 수컷을 위해 털고르기를 해 주면서 시간을 보내려 한다. 수컷은 공격적인 태도로 암컷들을 제 주위에 묶어 두는데, 일행에서 떨어진 암컷이 있으면 목덜미를 물어서 벌을 주기도 한다. 젤라다비비에게 이는 상상도 할 수 없는 일이다.

하렘의 수컷이 죽거나 사라지면, 털고르기 등에서 이 두 종이 보여 주던 사회적 행동의 차이가 더욱 극명하게 드러난다. 망토개코원숭이의 경우, 결속력을 주던 수컷이 사라지면 암컷들이 다른 무리로 흩어져 들어가면서 완전히 와해된다. 반면, 젤라다비비의 암컷들은 수컷이 사라졌다는 것을 거의 알아채지도 못하는 것처럼 보인다. 이들은 전혀 동요되는 일 없이 굳건히 결속된 무리로 남는다. 그 뒤에는 다른 수컷이 이 무리에 합류하게 된다. 이런 차이는 젤라다비비의 암컷들은 서로 가까운 혈육이지만 망토개코원숭이의 암컷들은 그렇지 않기 때문에 나타난다. 망토개코원숭이들이 사는 황량하고 척박한 서식지에서는 어린 새끼의 사망률이 높아서, 암컷이 어른이 되기까지 살아남는 자손을 얻기 위해서는 오랫동안 공을 들여야 한다. 그래서 암컷 망토개코원숭이들은 일가붙이(대개는 딸과 그 어미)로 이루어진 매우 작은 무리 속에서 자란다. 성숙한 수컷이 암컷을 자신의 하렘으로 납치해 가면 그 암컷은 어미와 떨어지게 된다. 망토개코원숭이들은 이렇듯 일가붙이가 적기 때문에, 수컷이 암컷들에 대해 젤라다비비보다 더 강력한 지배력을 발휘할 수 있는 것이다.

사회 관계

◀ 수컷 겔라다비비와 그의 하렘. 겔라다비비의 암컷들은 수컷보다 자기들끼리 있기를 더 좋아한다.

▲ 어린것이 딸린 암컷들에게는 무리 속에서 보호받는다는 사실이 매우 중요한 의미를 갖는다.

 비비의 암컷은 대체로 밤에 새끼를 낳는다. 낮에는 무리에서 뒤처질 위험이 있으며, 포식자들의 공격을 받기 쉽다.

비비는 매우 사교적인 동물로서, 주로 한 가지 사회적 행동에 몰두하면서 긴 시간을 보낸다. 그것은 바로 털고르기이다. 다른 비비의 털고르기를 해 주는 비비는 상대방의 털 속을 샅샅이 살피면서 진드기와 비듬, 다른 기생충들을 잡아 낸다. 비비들은 대개, 등이나 정수리처럼 저 혼자서는 볼 수도 단장할 수도 없는 부분의 털을 골라 준다.

비비들은 털고르기를 받고 싶으면 적당한 상대를 골라서 자기 어깨나 옆구리를 보여 준다. 상대방도 이에 응할 생각이 있으면 털고르기를 시작한다. 그렇지만 내키지 않으면 그 요청을 무시해 버린다. 그러면 먼저 요청을 한 비비는 다른 대상을 찾아 그 곳을 떠난다. 아니면 내심 응답을 바라면서 자기가 먼저 상대방에게 털고르기를 해 주기도 한다. 다 자란 수컷이 암컷에게서 털고르기를 받고 싶으면 허물없는 태도로 암컷 앞에 털썩 주저앉는다. 암컷은 대개 순순히 응한다. 암컷이 요구에 응하지 않고 자리를 뜨려고 하면 수컷은 그 뒤를 쫓아다니면서 공격해서 결국은 포기하고 털고르기를 해 주도록 만든다.

어린 비비들이 서로 털을 골라 줄 때에는 어떤 형식적인 절차도 거치지 않는다. 단순히 자기가 정한 비비에게 달려가서 붙잡고 털고르기를 시작할 뿐이다. 생후 6개월이 안 된 어린 비비들이 남의 털고르기를 해 주는 일은 거의 없다. 이들은 주로 어미에게서 털고르기를 받는다. 그러다

가 생후 6개월이 되면 어미의 털을 고르기 시작한다. 12개월까지는 다른 어린 비비들의 털을 고르기 시작한다. 그 뒤 몇 년 동안은 어른 암컷들의 털고르기를 하면서 보내는 시간이 점점 늘어난다. 어린 암컷은 이렇게 하면서 복잡하게 얽힌 어른들의 사회 관계 속으로 들어가게 된다.

털고르기의 기능

비비들은 때때로 하루에 2시간 동안이나 서로 털고르기를 해 준다. 비비의 하루는 대부분 나른한 털고르기 모임으로 시작해서 그 모임으로 끝난다. 그들은 한 마리와 털고르기를 한 뒤에도 기회만 닿으면 한두 마리를 더 붙잡으려고 한다. 비비에게는 분명 털고르기가 더할 나위 없이 중요한 활동으로 보인다. 그렇다면 그들이 털

▲ 대부분의 다른 비비들과 달리, 망토개코원숭이의 암컷은 하렘의 다른 암컷들보다 수컷의 털을 골라 주기를 더 좋아한다.

▶ 털고르기는 보통 다른 모든 활동을 배제하고 이루어진다. 그러나 사진의 어린 비비는 일과 즐거움을 결합해서 털고르기를 받으면서 계속 먹이를 찾고 있다.

 **털고르기의 교환**

비비의 집단은 각 개체가 저마다 필요로 하는 것을 두고 물물 교환하는 장터에 비유할 수 있다. 비비들은 더 많은 털고르기를 얻기 위해서 털고르기를 내놓는다. 하지만 다른 것을 얻기 위해 털고르기를 내놓는 경우도 있다. 암컷들은 갓난 비비에 가까이 있게 해 준 데 대한 보답으로 어미의 털을 골라 준다. 낮은 서열의 암컷이 높은 서열의 암컷이 낳은 새끼를 안아 보려면 어미와 비슷한 서열의 암컷들보다 훨씬 더 오랫동안 털고르기를 해 주어야 한다. 수컷 비비들은 털고르기를 이용해서 암컷의 충성을 산다.

고르기를 통해서 얻는 것은 정확하게 무엇일까? 물론 털고르기를 하는 하나의 중요한 이유는 몸을 깨끗이 하고 진드기를 없애는 것이다. 그러면 병에 걸릴 위험을 줄일 수 있기 때문이다.

그러나 비비는 단순히 몸을 깨끗이 하기 위해 필요한 것보다 더 오랫동안 털고르기를 한다. 비비에게는 털고르기가 매우 유쾌한 경험이기 때문일 것이다. 그들은 털고르기 모임을 갖는 동안 아주 편안해 보이며 꾸벅꾸벅 졸기도 한다. 비비의 털을 잡아당기면 뇌에서 베타-엔도르핀이라는 물질이 분비된다. 이 화학 물질은 아편과 비슷한 성질을 갖고 있어서 행복하고 편안한 기분이 들게 한다. 비비가 털고르기에 빠져드는 것은 이 물질이 주는 쾌감 때문일 것이다. 털고르기를 통해 베타-엔도르핀이 만들어진다는 것은 비비 집단에서는 이 일이 서로 평화롭게 지내기 위한 중요한 활동이라는 뜻이다. 긴장 관계가 유발되거나 실제 공격이 이루어질 때마다, 비비들은 털고르기로 평온함을 되찾는다.

싸움은 비비의 집단에서 흔한 일이다. 암컷들

이 피붙이들과 함께 산다고 해서 항상 애정이 넘치는 관계를 맺는다는 뜻은 아니기 때문이다. 싸움이 일어났을 때에는 털고르기가 다툼을 끝내자는 신호가 된다. 털고르기는 또한 다투던 비비들이 서로에 대해 계속 공격적인 행동을 할 가능성을 줄여 준다.

암컷들의 지배력

무리를 이루어 살다보면 자연히 먹이를 두고 경쟁하게 된다. 비비 집단의 암컷들은 다른 동물들과의 관계를 이용해서 이런 경쟁의 영향을 줄이려고 한다. 다른 동물들에 대해 지배력을 행사하는 것은 부족한 먹이를 손에 넣을 수 있는 가장 확실한 방법이다. 지배적인 암컷들은 낮은 지위의 암컷들보다 몸집이 크고, 더 공격적이다. 그들은 먹이를 독점해서 지위가 낮은 암컷들이 손

◀ 털고르기는 매우 즐겁고 편안한 일이다. 비비들은 털고르기가 진행되는 동안 꾸벅꾸벅 졸기도 한다.

▲ 비비들은 대개 뒤통수처럼 손이 잘 닿지 않는 곳을 서로 털고르기 해 준다.

대지 못하도록 할 수 있다. 하지만 지위가 낮은 암컷들도 순순히 굴복하지는 않는다. 그들도 나름대로 이런 문제를 해결할 방안을 갖고 있다. 한 가지 방법은 털고르기를 해 줌으로써 지배적인 동물들에게 환심을 사는 것이다. 이렇게 하면 눈치껏 먹이가 있는 곳에 접근해서 먹이를 이용할 수도 있다. 때로는 지위가 낮은 암컷들이 지배적인 개체를 집단으로 공격할 수도 있다. 힘으로 밀어붙여 먹이를 얻는 것이다. 그러나 이런 행동은 동아프리카의 비비들에서만 볼 수 있으며, 남아프리카의 차크마개코원숭이들 사이에서는 결코 일어나지 않는다.

암컷 비비들 사이에는 매우 엄격한 서열이 있

는 것으로 보인다. 암컷들은 각자 일정한 위계 안에서 한 자리씩 차지하는데, 이 서열은 꽤 오랫동안 상당히 안정적으로 유지된다. 일단 암컷들 사이에 서열이 확정되면 그 지위를 지키기 위해 해야 할 일은 거의 없다. 전면적인 공격을 감행하기보다는 그저 낮은 지위의 암컷들을 위협하기만 하면 되는 것이다. 이런 일도 그렇게 자주 할 필요는 없다. 어떤 과학자들은 비비들이 지배의 위계가 아닌 복종의 위계를 갖고 있다고 말한다. 서열이 낮은 것들의 행동이 현상태를 그대로 유지해 주는 것처럼 보이기 때문이다.

지배적인 암컷이 다가오면 서열이 낮은 암컷들은 복종한다는 뜻으로 꽁무니를 보여 준다. 그

◀ 먹이를 찾는 동안 어린 비비는 나이든 비비를 따라다닌다. 그러면서 남긴 것을 먹기도 하고 좋은 먹이가 무엇인지 배우기도 한다.

▶ 한 비비가 다른 비비에게 꽁무니를 보이고 있다. 이는 지위가 낮은 비비가 높은 비비에게 보여 주는 복종의 몸짓이다.

암컷의 서열이 매우 높다면 몸을 움츠리거나 굽실거리면서 두려운 표정을 짓기도 한다. 지배적인 암컷은 이따금씩 그들의 옆구리를 잠깐 건드리면서 입을 대거나 꿍꿍거리는 소리를 내서 안심시켜 줄 뿐이다.

성과 서열

비비의 집단에서 한 가족에 속한 암컷들은 거의 비슷한 서열을 갖는다. 젊은 암컷들은 기존의 위계 질서로 들어가면서 활로를 찾아야 하는데, 이 일을 가까운 피붙이들이 나서서 도와 주기 때문이다. 하지만 성숙기에 접어들 때에만 이런 일이 일어난다. 어린 암컷 비비들은 서열에 관계없이 서로 어울려서 논다.

어린 암컷들은 성적으로 성숙해 가면서 어른 암컷들에게 도전하고 공격적인 행동을 보이기 시작한다. 그들은 자기와 혈연 관계가 있는 어른들보다 지위가 낮은 암컷에 대해서는 직접 공격

을 감행하곤 한다. 한 집안의 어른들은 이들의 사회적 지위가 높아질 수 있도록 지원하면서, 낮은 지위의 암컷들이 이 젊은 암컷들에게 복종하도록 만든다. 젊은 암컷들도 자기 피붙이들보다 지위가 높은 암컷에 대해서는 공격을 하지 않는다. 피붙이들이 도와 줘도 제압할 수가 없기 때문이다.

젊은 암컷들은 결국 주위의 도움을 받지 않고도 낮은 지위의 암컷들을 제압할 수 있게 된다. 이제 어른 암컷들의 위계 질서에 완전히 편입한 것이다. 이들은 자기 일가붙이들 밑에 있는 암컷들은 제압할 수 있지만 그들보다 지위가 높은 암컷들에 대해서는 계속 복종하기 때문에, 결국 그들과 비슷한 서열을 갖게 된다.

수컷들의 지배력

수컷들도 지배와 피지배의 관계를 보여 준다. 그러나 이 관계는 암컷들에 비하면 훨씬 유동적이다. 노란개코원숭이와 아누비스개코원숭이의 경우는, 수컷의 서열이 나이, 한 집단에 있었던 기간, 그리고 그 수컷이 이주해 왔는가 아니면 그 집단에서 태어났는가에 의해 결정된다. 한 수컷이 어떤 집단에 들어갈 때에는 공격적인 행동을 해서 재빠르게 으뜸 수컷의 자리를 차지하곤 한다. 이 기간에는 암컷들과의 짝짓기에 성공하기도 쉽다. 하지만 한동안 그 집단에 머문 뒤에는 나중에 도착한 새로운 수컷들로부터 도전을 받을 수밖에 없다. 그래서 서열이 점점 낮아지기 때문에, 장기 체류자들은 새로 들어온 수컷들보

다 낮은 지위를 갖는 경우가 많다.

수컷들은 다른 수컷들과 연합함으로써 서열이 떨어지는 것을 막을 수도 있다. 두 수컷이 힘을 합쳐서 제 3의 우세한 수컷과 싸우는 것이다. 이렇게 힘을 모으면 혼자서는 격퇴할 수 없는 수컷도 물리칠 수 있게 된다. 이런 연합이 형성되는 것은 대개 새끼를 낳을 수 있는 암컷에게 접근하려 할 때이다. 수컷들은 연합해서 한 수컷과 암컷의 사이를 떨어뜨린 뒤, 함께 싸운 수컷 중하나가 그 관계를 가로챈다.

수컷들이 집단을 자주 바꾸고 연합을 형성하고 하는 일들은 수컷들의 서열이 안정적이지 못하다는 것을 의미한다. 한 수컷의 서열이 거의 1주일에 한 번씩 변하기도 한다. 이런 변동의 요인은 그 수컷이 연합할 상대를 찾을 수 있었는가, 그 집단에 새로 들어오거나 나간 수컷이 있는가, 아니면 그 수컷이 싸우다가 부상을 당하거나 병으로 상태가 좋지 못한가 등이다. 전반적으로 위계 질서가 불안정하고 변동이 많기는 하지만, 언제라도 현재의 으뜸 수컷을 확인할 수는 있다. 다른 모든 수컷이 그에게 순종하기 때문이다.

생식의 성공 전략

사바나개코원숭이의 집단에서는 으뜸 수컷을 쉽게 가려 낼 수 있다. 으뜸 수컷이 언제나 거드름을 피우면서 활보하기 때문이다. 으뜸 수컷은 대체로 짝짓기에 성공할 가능성이 가장 크다. 암컷이 새끼를 가질 수 있는 때가 되면, 으뜸 수컷이 그 암컷과 '배우자' 관계를 맺고 다른 모든 수컷과의 짝짓기를 막는데, 이렇게 하면 자기가 암컷을 임신시켜서 아비가 될 수 있기 때문이다. 그러나 일이 항상 그렇게 순조롭게 풀리는 것은 아니다. 집단이 크면 여러 마리의 암컷이 동시에 짝짓기할 준비가 될 수도 있다. 이런 경우는 으뜸 수컷이 이들을 모두 독점할 수 없으므로, 낮은 서열의 수컷들에게도 짝짓기 기회를 줄 수밖에 없다. 때로는 낮은 서열의 수컷들이 서로 힘을 합쳐서 짝짓기할 기회를 얻기도 한다. 수컷들이 암컷의 배우자 수컷을 집요하게 공격함으로써, 그 수컷이 암컷의 곁을 떠나 그들 중 하나에게 달려들도록 하는 것이다. 그러면 힘을 합쳤던 다른 수컷이 그 틈을 타서 암컷과 짝짓기를 한다.

특별한 우정

사바나개코원숭이의 수컷이 새로운 집단으로 들어가면, 다른 비비들은 그 신출내기를 경계한다. 전부터 있던 수컷들은 새 수컷을 조심스럽게 대한다. 그가 얼마나 강한지, 싸워서 이길 수 있을지 없을지 모르기 때문이다. 그래서 겉으로는 새 수컷을 무시하는 것처럼 보이지만, 실은 계속 살피고 있다. 암컷들도 수컷과 가까워지기를 꺼린다. 수컷이 새 집단에 들어간 이유는 암컷과 짝짓기할 기회를 많이 만들려는 것이므로, 이런 상황은 바람직하지 못하다. 하지만 머리가 좋은 비비의 수컷들은 사교 기술을 이용해서 이런 장애를 극복할 수 있다.

처음 새 집단에 들어간 수컷은 대개 변두리에 앉는다. 겉으로는 다른 비비들처럼 부지런히 먹이를 찾는 것처럼 보이지만, 그 수컷은 계속 다른 모든 비비들이 무엇을 하는지 살핀다. 이렇게 며칠을 지내면서 수컷은 점차 그 집단의 구성원들과 낯을 익히게 된다. 그 뒤 수컷은 어떤 결심을 한 것처럼 보인다. 한 암컷을 찍어서 가까이 앉는 것이다. 그러나 겁을 주어 쫓아 버리거나 하지 않도록 너무 가까이 가지는 않는다. 다시 한 번, 수컷은 암컷이 이 새로운 상황에 익숙해질 때까지 참고 기다린다. 어느 정도 시간이 지나면 수컷의 노력은 대개 성공을 거두고, 두 비비는 서서히 친밀한 관계를 맺게 된다. 암컷이 수컷과 가까워지면 다른 암컷들도 새 친구에 관심을 갖게 되고, 수컷은 더 많은 구성원과 사귈 기회를 갖게 된다. 수컷은 오래지 않아 주변을 빙빙 도는 외톨이에서 완전한 집단의 구성원으로 변신한다. 그리고 그 때까지 다른 암컷들과의 관계를 발전시킨다. 하지만 그 수컷이 처음 접근한 암컷은 언제나 그의 '특별한 친구'로 남을 것

두 마리의 암컷과 함께 있는 기니개코원숭이의 수컷. 암컷이 새끼를 가질 수 있는 시기가 되면 비비의 수컷과 암컷은 가장 친밀한 관계를 맺는다.

이다. 이런 특별한 우정은 지금까지 연구된 모든 사바나개코원숭이 집단에서 찾아볼 수 있었다.

이런 관계는 여러 해 동안 지속되기도 한다. 그리고 수컷은 그 암컷의 새끼들과도 친밀한 관계를 맺을 수 있다. 특별한 우정을 나눈 암수 한 쌍은, 집단의 다른 구성원들을 대할 때와는 상당히 다른 행동을 서로에게 보여 준다. 특히 수컷은 다른 암컷들에 대해서는 털고르기를 받으려고만 하면서도, 그 암컷에게만은 기꺼이 오랫동안 털고르기를 해 준다. 암컷들이 다른 수컷들보다는 특별한 친구와의 짝짓기를 더 좋아하며 자신과 새끼들을 보호해 준 대가로 성을 제공한다는 이론도 제기되었지만, 항상 그렇지는 않다.

쟁취

모든 수컷 비비가 특별한 우정을 쌓는 것은 아니다. 경우에 따라서는, 어떤 집단에 들이닥친 신출내기 수컷이 지배적인 지위를 놓고 다른 수컷들과 끝까지 싸우기도 한다. 그 뒤에는 새끼를 가질 수 있는 암컷들을 놓고 경쟁하거나, 아니면 그들에 대해 거의 관심을 보이지 않는다. 이런 관찰 결과를 두고, 젊고 힘이 세며 으뜸 수컷의 지위에 오르기 위해서라면 부상도 두렵지 않은 수컷들은 싸움을 벌이고, 위험이 적은 방법으로 집단에 들어가고 싶은 나이가 많은 수컷들은 특별한 우정을 쌓는다는 이론이 제기되었다. 이 이론은 대체로 현실에 부합하지만, 모든 젊은 수컷이 전투적으로 제압한다는 전략을 택하는 것은 아니다. 수컷들은 집단의 다른 수컷들과 비교해서 자신이 얼마나 힘이 센가를 판단하고, 이에 따라 결정을 내리는 것으로 보인다.

특별한 우정은 여러 수컷을 포함한 집단을 이

◀ 쉬면서 사귐의 시간을 갖고 있는 비비의 무리. 털고르기를 매우 좋아하는 어린 비비들은 또래 친구들과 긴밀한 관계를 맺는다.

▶ 어미가 쳐다보는 가운데 수컷 비비 한 마리가 어린 새끼를 들여다보고 있다. 때로는 비비의 암컷과 수컷이 특별한 우정을 쌓아서 긴 시간을 함께 지내기도 한다.

루어 사는 비비들에서만 볼 수 있다. 망토개코원숭이나 젤라다비비처럼 수컷 한 마리를 포함한 단위, 즉 하렘을 이루어 사는 경우에는 보통, 수컷들과 암컷들이 서로 특별한 관계를 맺지 않는다. 한 가지 이유는 수컷들이 암컷들에게 환심을 살 필요가 없기 때문일 것이다. 망토개코원숭이의 수컷은 몸집이 훨씬 더 작은 암컷들을 공격하고 벌줌으로써 지배한다. 젤라다비비의 수컷은 자신의 단위에 속한 모든 암컷들과 진심 어린 털고르기 관계를 유지하려고 애쓴다. 그러나 암컷이 수컷과의 교제에 관심을 갖는 경우는 거의 없다. 암컷들과 함께 지내는 것을 더 좋아하기 때문이다. 젤라다비비의 암수 한 쌍이 친밀한 관계를 맺었다면, 그 이유는 대부분 함께 털고르기를 할 가까운 일가붙이가 없는 암컷이 차선책으로 수컷을 택했기 때문이다. 하지만 사바나개코원숭이들의 특별한 우정과 달리, 이 암컷은 관계를 유지하기 위해 필요한 털고르기의 대부분을 자기가 담당한다.

성장

성장

새끼비비가 어엿한 어른으로 자라기까지는 오랜 시간이 걸린다.
그들은 몸이 자라는 것은 물론, 한 마리의 비비로 살기 위해 필요한
여러 가지 기술을 모두 익혀야 한다. 그들은 무엇을 먹어야 할지,
언제 누구의 털고르기를 해야 할지, 누구를 피해야 할지 등을 배운다.
또한 어떻게 하면 이성의 환심을 사고, 경쟁자를 물리칠 수 있는지도
배워야 한다. 이런 기술은 하루 아침에 쌓을 수 있는 것이 아니다.
비비는 어린 시절이 길기 때문에 어른이 되었을 때 이용할 기술을
충분히 배우고 연마할 수 있다.

어린 비비들이 배우는 기술의 종류는 그들이 사는 곳, 그들이 속한
집단의 성격, 어미의 성격(새끼를 풀어놓는가 아니면 과보호하는가),
그리고 그들이 암컷인가 수컷인가에 따라 다르다. 이 모든 요인이
결합해서 각 비비에게 고유한 학습 경험을 제공한다. 이런 경험은
그들이 장차 새끼들을 어떻게 기를 것인가에도 영향을 미친다.

◀◀ 어린 비비들은 오랫동안 함께 어울려 놀면서 사회 생활을 배운다.

어린 비비의 발육 과정

갓 태어난 비비는 처음부터 몸이 잘 발달해 있다. 눈도 뜨고 있으며, 어미의 몸을 꼭 쥐고 달라붙을 수도 있다. 몸에는 비단결처럼 보드라운 검은색의 가는 털이 나 있고, 얼굴과 귀는 분홍색이다. 태어나서 한 달 동안 어린 비비는 어미 품에 찰싹 달라붙어 젖을 먹고 잠만 잔다. 이 시기에는 잘 움직이지도 못하고 쉽게 다칠 수 있으므로 이렇게 하는 편이 유리하다. 다른 비비들은 이 시기의 새끼비비에게 상당한 관심을 나타낸다. 어른 암컷과 어린 비비들은 갓 태어난 비비를 안고 자세히 살펴보기를 간절히 원한다. 그들은 새끼비비의 생식기에 특히 관심을 보이는데, 암컷인지 수컷인지 알아보려는 것 같다. 어른 수컷들은 갓난 비비를 안지는 않지만, 어미에게 아는 척을 하기도 하고 지나가다가 어린것을 살짝 건드리기도 한다.

한두 달이 지나면, 어린 비비는 훨씬 더 활발하게 움직이면서 주위에 있는 것들을 조사하기 시작한다. 비비는 아직 어미 곁을 멀리 떠날 엄두를 내지 못하지만, 어쩌다가 조금 멀어지면 어미는 재빨리 찾아가 곤란한 일이 생기지 않도록 한다.

생후 3개월이 되면, 어린 비비는 태어날 때 갖고 있던 가느다란 털이 빠지고, 털이 점점 굵어지면서 빛깔도 어른의 것에 가까워진다. 이런 변화는 서서히 일어난다. 처음에는 눈썹만 황갈색으로 변하고, 그 다음에는 손목 주변의 털 빛깔이 변한다. 또한 그들의 얼굴과 귀는 훨씬 더 진

갓 태어난 비비는 매일 80%에 이르는 시간을 젖을 먹으면서 보낸다. 처음 몇 달 동안은 성장 속도가 매우 빠르다.

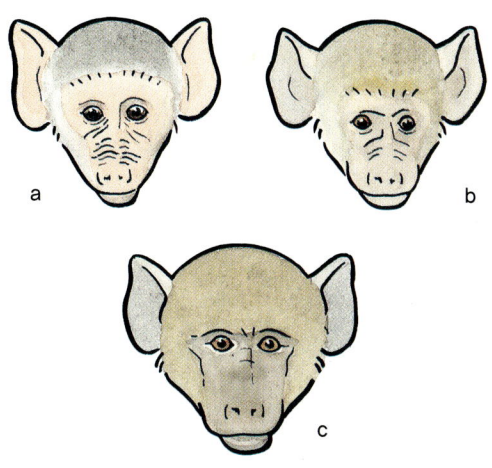

(a) 갓 태어난 비비는 분홍색 얼굴과 주름진 코를 갖는다.
(b) 생후 3개월까지는 얼굴이 분홍빛이 도는 회색으로 변한다.
(c) 생후 5~6개월까지는 분홍빛과 코의 주름이 사라진다.

한 색으로 변한다. 따라서 귀와 코끝의 색깔을 보면 어린 비비의 나이를 거의 정확하게 맞출 수 있다.

젖떼기

생후 5개월이 되면 대부분의 어린 비비는 스스로 먹기 시작하면서 어미젖을 차츰 덜 먹게 된다. 몸의 움직임도 정확해지고 힘도 세어진다. 이제는 그렇게 오랫동안 어미의 배에 매달려 다니지 않고, 마치 기수와 같은 자세로 어미의 등에 올라타기 시작한다. 때로는 어미의 꼬리 밑부분을 받침대로 사용하기도 한다. 또한 그들은 훨씬 더 오랫동안 어미와 떨어져 지내면서 다른 어린 비비들과 놀기도 하고 스스로 먹이를 찾기도 한다. 어린 비비가 이렇게 잘 돌아다닐 수 있게 되면, 어미는 더 이상 새끼를 붙잡아 두지 않는다. 다만 어린것의 머리를 톡톡 치거나, 소리

를 내거나, 등을 낮추는 등의 신호로 이동할 예정이라는 것을 알려준다. 그러면 새끼는 평소 돌아다니던 때의 위치로 폴짝 뛰어오른다.

생후 6개월 정도에는 어린 비비의 몸집이 너무 커져서 어미가 업고 다닐 수 없게 된다. 이 때 새끼가 등으로 뛰어오르면 어미는 몸을 기울여 떨어뜨리거나 손으로 잡아 끌어내리는데, 상당히 거칠게 대하기도 한다. 처음 이런 일을 당한 새끼는 화가 나서 깍깍 소리를 지르기도 하지만, 오래지 않아 걸어야 한다는 것을 깨닫고 순순히 어미의 뒤를 따르기 시작한다.

어린 비비가 그만큼 자라면 어미는 더 이상 움직일 때가 되었다는 신호를 보내지 않는다. 그 대신 새끼가 끊임없이 어미를 살피면서 그 뒤를 쫓아다닌다. 어린 비비는 이제 어미젖을 많이 먹지 않게 되고, 먹이를 찾는 기술도 좋아진다. 어미는 예전처럼 새끼가 찾을 때마다 젖을 물리지

 ### 어린 비비의 울음

어린 비비에게는 꽃이 훌륭한 먹이이다. 연해서 따기 쉽고 소화하기도 쉽기 때문이다. 그러나 항상 꽃을 먹을 수 있는 것은 아니다. 남아프리카공화국 웨스턴케이프의 건조한 여름철에는 어린 차크마개코원숭이들이 먹고 사는 꽃들이 말라 죽는다. 다 자란 비비들은 땅 속의 식물을 캐 먹지만, 어린것들은 다시 젖을 먹어야만 한다. 어미가 먹이를 주지 않으려고 하면 그들은 어미가 젖을 줄 때까지 심하게 보챈다. 이렇게 보채면서 울면 더 많은 양의 젖을 먹을 수 있고, 따라서 스스로 먹이를 찾을 수 없는 기간에도 살아남을 수 있다.

◄ 어린 비비는 어미의 배에 달라붙어 젖을 먹는다. 때로는 움직이는 동안 더 잘 달라붙기 위해 젖을 먹지도 않으면서 젖꼭지를 물고 있는 경우도 있다.

◄◄ 생후 5개월경의 어린 비비는 운동 능력이 잘 발달해서, 어미의 배에 매달리지 않고 등에 올라탈 수 있다.

▶ 어린 비비를 키우는 어미들은 일종의 육아 모임을 갖기도 한다. 어미들은 어린것들이 노는 동안 종종 서로 털고르기를 해 준다.

않는다. 그 대신, 편안하게 젖을 먹일 수 있을 때까지 기다리도록 한다. 예를 들어, 어미가 휴식을 취하거나 털고르기를 할 때이다. 어린 비비 중에는 젖을 떼는 동안 심하게 성질을 내면서 어미에게 젖을 보채는 것들도 있다. 얼마나 성질을 부리는가는 손에 넣을 수 있는 이유식의 질에 따라 달라지는 것으로 보인다. 꽃이나 부드러운 과일처럼 젖 대신 먹을 것이 많으면 신경질을 덜 부리기 때문이다. 어린 비비들은 대개 생후 9~12개월이면 완전히 젖을 뗀다. 그러나 이 기간은 그들이 아프리카 대륙의 어느 지역에 사는가에 따라 크게 다르다.

드라켄즈버그의 비비들

남아프리카공화국 드라켄즈버그 산맥에 사는 어린 차크마개코원숭이들은 생후 1년이 지난 후에도 계속 어미젖을 먹는다. 이 비비의 어미들은 절대로 일부러 젖을 떼려고 하지 않는다. 새끼들이 성질을 부리는 것이 목격된 적도 없다. 드라켄즈버그 산맥의 어린 비비들은 스스로 먹는 법을 훨씬 더 천천히 배운다. 이렇게 느린 발육으로 인해, 드라켄즈버그에 사는 비비의 암컷들은 긴 터울을 두고 새끼를 낳는다. 대부분의 다른 비비들이 18~24개월마다 새끼를 낳는 데 비해, 이들은 약 3년에 한 번씩 새끼를 낳는다.

드라켄즈버그 산맥의 자연 환경은 매우 척박하다. 먹이는 드문드문 흩어져 있고 질이 좋지도 않다. 또 계절에 따른 환경 변화도 매우 크다. 이 모든 상황은 어린 비비들로 하여금 스스로 먹이를 찾기 어렵게 만든다. 다른 곳에서라면 단단한 먹이를 먹기 시작할 나이에(생후 6개월 정도), 드라켄즈버그의 어린 비비들은 겨울을 맞이한다.

겨울철에는 어린 비비들이 먹을 만한 것을 찾을 수가 없다. 이렇듯 새로운 먹이를 찾도록 유인할 것이 전혀 없는 상황에서 어린 비비들은 계속 어미젖을 먹는다. 그리고 6개월이 지나 봄이 되어서야 스스로 먹이를 찾기 시작한다. 이 때 어린 비비는 만 1세가 넘는다. 그 결과, 드라켄즈버그의 어미들은 다른 비비 집단의 암컷들보다 새끼들을 훨씬 더 많이 보살피고, 더 적은 수의 새끼를 낳을 수밖에 없다. 드라켄즈버그에서는 열악한 환경 조건에도 불구하고, 이런 충분한 보살핌 덕분에 어린 비비의 생존 가능성이 다른 개체군에서보다도 오히려 더 높다. 이 곳의 어린 비비가 만 2세까지 살아남는 비율은 95%인데 비해, 동아프리카 일부 지역에서는 55%만이 살아남는다.

어미비비와 새끼비비의 행동

어미비비가 새끼를 기르는 방식은 매우 다양하다. 어떤 암컷들은 거의 무관심하다 싶을 정도로 새끼들을 자유롭게 키우고, 어떤 것들은 과잉보호를 한다. 예를 들어, 처음 어미가 된 암컷들은 새끼를 여럿 낳은 암컷들보다 새끼를 더 보호하는 경향이 있다. 이는 아마도 경험이 적기 때문일 것이다. 어미의 서열도 새끼를 기르는 방식에 영향을 줄 수 있다. 높은 서열의 암컷들은 낮은 서열의 암컷들에 비해 과보호를 하지 않는다. 높은 서열의 암컷들이 그렇게 느긋할 수 있는 것은, 그들의 새끼는 다른 비비로부터 해코지당할 가능성이 적기 때문이다. 다른 비비들은 높은 서

열의 어린 비비들에게 두려움을 나타내기도 하고 그들이 다가오면 피하기도 한다. 어린 비비가 다치기라도 하면 어미로부터 공격을 받을 수 있기 때문이다.

낮은 서열의 암컷들은 경우가 다르다. 그들의 새끼는 높은 서열의 암컷들로부터 학대받을 수도 있다. 게다가 이런 일이 일어났을 때 어미는 새끼들을 지키기 위해 할 수 있는 일이 없다. 상황이 이렇기 때문에 새끼를 지나치게 보호하게 되는 것이다.

어린 비비는 다른 비비들이 일부러 해코지를 하지 않아도 해를 입을 수 있다. 때로는 높은 서열의 젊은 비비나 어른 비비들이 새끼를 빼앗아서 몇 시간 동안이나 데리고 다닌다. 그 동안 아무리 잘 돌봐 준다고 해도, 오랫동안 젖을 먹지 못한 어린 비비는 심한 탈수 증상을 나타내게 된다. 이 일은 목숨을 앗아갈 수도 있다. 따라서 모든 어미비비는, 평소에 아무리 대범한 모습을 보이더라도, 자기 새끼를 다른 비비가 안거나 가져가는 것만큼은 매우 싫어한다.

양육 방식

느긋한 어미들은 새끼들이 스스로 일을 하는 것을 좋아하는 데 반해, 과보호하는 어미들은 새끼들이 조금도 벗어나지 못하도록 하고 곁에 붙잡아 두려고 한다. 그들은 다른 비비들이 자기 새끼들과 사귀는 것을 꺼린다. 과보호하는 어미를 둔 어린 비비는 생후 3개월까지 다른 비비들

◀ 어린 비비는 집단 내의 다른 비비들, 특히 청년기나 성년기 암컷들의 관심을 끈다.

▲ 어떤 암컷이 다른 암컷의 새끼를 살펴보고 있다. 암컷들은 어린것들을 상당히 거칠게 다루는데, 그 어미의 서열이 낮으면 특히 더 그렇다.

로부터 털고르기를 받지 못한다. 그러나 이는 분명히 어린 비비의 성장에 부정적인 영향을 미칠 것이다. 주위 환경을 조사하고, 친구를 사귀고 놀면서 자기가 태어난 사회에 대해 이해할 기회를 갖지 못하기 때문이다. 이 일은 어린 비비가 자라서 갖게 될 성격이나 다른 비비들과 관계를 맺는 능력에도 좋지 않은 영향을 줄 것이다. 그러나 과보호를 받고 자라면 사고를 당할 가능성은 훨씬 줄어든다.

케냐의 암보셀리에서는, 과보호를 받는 어린 노란개코원숭이들은 그렇지 않은 것들에 비해 생후 몇 달 동안 훨씬 더 적은 수가 사망한다는 것이 관찰되었다. 하지만 그만큼 독립이 늦어지

 어미를 잃은 어린 비비는 집단의 다른 구성원들이 '양자'를 삼기도 한다. 스스로 먹이를 찾을 수 있는 어린 비비는 대부분 살아남는다.

기 때문에 고아가 되었을 때에는 살아남을 가능성이 훨씬 더 적다. 보호를 많이 하는 양육 방식과 적게 하는 방식은 일장일단이 있다. 어린 비비가 독립성을 갖도록 하면 어려운 일이 닥쳐도 스스로 극복할 수 있는 반면, 잘 보살펴 주지 않는 바람에 사고를 당해 영영 목숨을 잃는 경우도 있기 때문이다. 과보호의 양육 방식은 어린 비비에게 세상에 맞서 어려움을 극복할 수 있는 능력을 키워 주지는 못하지만 위험에 빠지기 쉬운 어린 시절을 무사히 통과할 수 있도록 해 주는 이점이 있다.

한 집단 내의 개체들 간에도 양육 방식이 다르지만, 서로 다른 집단의 양육 방식에도 상당한 차이가 있다. 탄자니아 곰비에 사는 어린 아누비스개코원숭이들은 더 독립적이며, 어미로부터 거부당하거나 벌받는 경우가 많다. 그리고 같은 탄자니아의 다른 서식지, 미쿠미의 노란개코원숭이들보다 보호를 적게 받는다. 곰비의 서식지는 숲 속이지만, 미쿠미는 사바나 지역이다. 곰비에는 안전하게 숨을 곳이 많고 하루에 돌아다니는 거리도 짧기 때문에 암컷들이 더 느긋하게 새끼들을 기를 수 있을 것이다. 반면, 시야가 트인 미쿠미에서는 포식자에게 당할 위험이 크기 때문에 새끼들을 자유로이 풀어 놓을 수 없을 것이다.

서로 다른 종의 원숭이들 사이에서나, 야생 원숭이와 사육되는 원숭이 사이에서도 이와 같은 차이를 볼 수 있다. 사방에 위험이 널린 곳에 사는 야생 원숭이의 어미는 안전하게 사육되는 것들보다 훨씬 더 과보호를 하는 경향이 있다. 마찬가지로, 비비는 주로 나무 위에서 생활하는 원숭이들보다 새끼를 덜 보호한다. 만약 어린 원숭이가 열대 우림의 높은 나뭇가지에서 떨어진다면 끔찍한 결과가 빚어질 것이므로, 그들의 어미

 **먹이 찾기**

먹이 찾는 기술의 상당 부분은 시행착오를 통해 얻어진다. 사람의 부모와 달리, 어미비비들은 어린것들에게 여러 가지 먹이를 찾고 다루는 방법을 가르치지 않는다. 처음에 어린 비비들은 먹이를 찾는 일이 매우 서툴고 더디다. 그들은 땅을 파고 알줄기를 캐내야 한다는 것을 몰라서 힘껏 잡아당기곤 한다. 그러면 알줄기는 그대로 땅 속에 남고 그들 손에는 위쪽의 쓸모 없는 줄기만 남는다. 따라서 대부분의 어린 비비들은 제 힘으로 능숙하게 알줄기를 파낼 수 있을 때까지 어른들이 먹다 남긴 찌꺼기를 먹고 산다.

▶ 생후 2~3개월의 어린 비비는 단단한 먹이를 맛보기 시작한다. 그리고 생후 6~7개월이 지난 뒤에나 제 힘으로 먹이를 찾기 시작한다.

▲ 아누비스개코원숭이들 사이에서는, 수컷들이 특정한 어린 비비들에게 강한 애착을 보이기도 한다. 이 경우 어린 비비는 그 수컷의 '특별한 친구' 가 된다.

◀◀ 어린 비비들은 먹이를 찾아 돌아다니는 동안 어른들이 남긴 것을 먹으면서 그들에게서 먹이 찾는 비결을 배운다.

는 최선을 다해 이런 사고를 줄여야 한다. 어린 비비들은 대부분의 시간을 땅 위에서 지내므로, 어디에서 떨어지거나 넘어져도 그렇게 심하게 다치지 않는다. 어린 비비가 떨어져 다칠 위험이 있는 것은 나무나 절벽의 잠자리에 드는 밤 시간 뿐이다. 그래서 해질 무렵이면 어미비비들은 언제나 어린 새끼들이 자신의 무릎 위에 포근히 자리를 잡도록 한다.

어린 수컷과 암컷

비비의 어린 수컷과 암컷은 서로 다른 발달 과정을 보여 준다. 이는 부분적으로 기질상의 차이 때문이다. 예를 들어, 어린 겔라다비비의 암컷은 자신의 행동을 어미의 행동에 맞추어 조정하는

능력이 수컷에 비해 탁월하다. 그들은 움직이는 어미를 더 잘 쫓아다니며, 먹이를 찾을 때가 아니라 어미가 쉬거나 털고르기를 할 때에만 젖을 달라고 해야 한다는 것도 금방 배운다. 어린 암컷들은 수컷보다 조심성이 있으며 더 오랫동안 어미 곁을 지킨다. 이런 이유 때문에 암컷들이 어미의 행동 방식을 더 빨리 배우는 것인지도 모른다. 어린 암컷은 또한 다른 어른 암컷들로부터 시달림을 당하기 쉽다. 이 때문에 어미 곁을 떠나지 않는 것일 수도 있다.

어린 수컷 비비는 훨씬 더 대담하고 자유분방하다. 그들은 더 일찍부터 어미에게서 멀리 떠나 돌아다니고, 자기보다 훨씬 더 나이가 많은 어린 비비들과 어울려 놀기도 한다. 어린 수컷이 어미

가 무엇을 바라는지를 알아내기까지는 훨씬 더 오랜 시간이 걸리고, 따라서 더 보채는 것처럼 보일 수도 있다. 그러나 대부분의 경우, 이렇게 보이는 것은 그들이 적당하지 않은 시간에 돌봐주기를 바라기 때문이지, 어린 암컷들보다 더 많은 요구를 하기 때문은 아니다.

흥미롭게도, 과잉 보호하는 어미에게서 태어난 어린 수컷과 암컷은, 풀어 놓고 키우는 어미의 새끼들에 비해 자신의 행동과 어미의 행동을 조율하는 데에 더 오랜 시간이 걸린다. 이는 모순되게 보인다. 과잉 보호를 받는 어린 비비들은 더 긴 시간을 어미와 함께 보내고, 따라서 더 빨리 배워야 할 것으로 생각되기 때문이다. 하지만, 과잉 보호는 오히려 학습 능력을 저하시킨다. 과잉 보호를 받는 어린 비비들은 어미의 행동에 대해 배우는 것이 아니라, 자기들이 하고 싶은 것을 스스로 결정할 수 없다는 것을 깨닫고 크게 좌절한다. 시간이 흐르면서, 과잉 보호에 대한 그들의 반응은 제 힘으로 무언가를 해 보려는 시도를 아예 접어 버리는 것으로 나타난다. 따라서 어린 비비들은 훨씬 더 천천히 배우게 된다. 새로운 기회를 포착하려는 의지를 잃어버렸기 때문이다.

놀이

놀이는 어린 비비의 성장 과정에서 매우 중요한 부분을 차지한다. 그들은 놀이를 통해 힘을 기르고, 운동 능력을 키우고, 살아가기 위해 무엇보다 필요한 사회 관계의 기술을 배운다. 어린 비비들이 해를 입지 않고 자기가 살아가는 세상

◀ 젊은 비비가 맹수를 보고 '비상 신호'를 보내고 있다. 어린 비비에게는 사회 관계의 기술을 배우는 것은 물론, 생존 기술을 익히는 것도 매우 중요한 문제이다.

에 대해 배우는 데에는 놀이가 매우 유용한 수단이다. 그들이 놀면서 보내는 시간은 서식지의 조건에 따라 달라진다. 예를 들어, 어린 겔라다비비는 건기보다는 우기에 더 오래 논다. 또한 노는 방식도 다르다. 우기에는 매우 활발하게 움직이면서 서로 쫓아다니거나 레슬링을 한다. 이에 비해 건기에는 행동이 훨씬 차분해지면서, 서로 붙잡고 놀기보다는 막대기 같은 물건을 가지고 논다. 건기에는 먹을 것이 귀하기 때문이다. 이 시기가 오면 겔라다비비는 땅 속에서 자라는 알줄기나 알뿌리를 먹고 살아야 한다. 우기에는 풀잎을 먹는다. 알줄기를 파내는 데에는 매우 긴 시간이 소요되는데, 특히 어린 비비들은 훨씬 더 오랫동안 먹이를 찾아야 한다. 따라서 놀 시간이 거의 없는 것이다. 더욱 중요한 것은 아마도 어린 비비들이 뛰놀기에 충분한 에너지를 얻지 못

한다는 사실일 것이다. 걷기 동안 그들은 목숨을 겨우 부지할 정도의 먹이밖에 찾지 못한다. 그 결과 놀이처럼 많은 에너지를 소모하는 활동은 줄어들 수밖에 없다.

이상적인 조건은 어린 비비들이 모든 연령대의 암컷, 수컷과 놀이친구가 되는 것이지만, 현실적으로는 그렇게 되기가 어렵다. 하나의 비비 집단에서 태어난 어린 비비의 수와 성이 해마다 현저하게 변동할 수 있기 때문이다. 극단적인 경우에는 태어나서 몇 달을 넘긴 새끼가 하나밖에 없을 수도 있고, 한 해에 태어난 비비들이 모두 같은 성일 수도 있다. 이런 불균형은 집단 전체에 상당한 영향을 미친다. 한두 마리의 비비만 태어났을 때에는 어린것들이 같은 또래의 놀이친구들을 갖지 못한다. 따라서 이들은 훨씬 더 젊은 비비들과 놀게 된다. 젊은 비비들은 훨씬

벼랑 끝에 걸린 삶

비비에게 있어 어린 시절은 매우 불확실한 기간이다. 어떤 집단에서는 50%의 어린 비비가 생후 1년 이내에 죽는다. 이는 서식지의 열악한 조건 때문일 수도 있다. 어미들이 어린것들에게 먹일 젖을 충분히 만들지 못해서 그들이 영양실조나 질병으로 사망하는 것이다. 포식자들이 어린 비비를 죽이는 경우도 있고, 어린 겔라다비비의 경우에는 날씨도 생존에 커다란 영향을 미칠 수 있다. 다른 비비들처럼, 새끼겔라다비비도 보드라운 검은 털로 덮인 얇은 털가죽을 갖고 태어난다. 우기에 태어난 새끼들은 거의 언제나 몸이 젖어 있고 한기를 느낀다. 그래서 호흡기 감염증과 저체온증으로 사망할 수 있다.

더 거칠게 놀면서 어린 비비들을 놀이친구가 아닌 장난감처럼 취급한다. 미루어 짐작할 수 있듯이, 이런 경험은 어린 비비들이 어른이 되었을 때의 행동 방식에 영향을 줄 수 있다. 이들은 종종 같은 또래의 놀이친구들과 어울려 자란 비비들보다 공격적이고 사회성이 부족한 모습을 보인다.

성비가 불균형하면, 어린 암컷 한 마리가 수컷들과만 놀게 되거나, 수컷 한 마리가 암컷들과만 노는 경우가 생긴다. 수컷들은 대체로 더 대담하고 거칠기 때문에 혼자인 암컷은 그들에게 시달림을 받을 수 있다. 반면 거칠게 놀고 싶어하는 수컷이 한 마리인 경우에는 놀이친구들에게 따돌림을 당하고 다른 곳에서 친구를 찾게 된다.

이 경우에도 어린 시절의 경험이 평생토록 남아서 어른이 되었을 때의 행동 방식에 영향을 미칠 수 있다.

암컷들과의 상호 작용을 통해 얻을 수 있는 미묘한 사회 관계의 기술을 획득하지 못한 수컷들은 청소년기와 성년기에 이르렀을 때 암컷들과의 교제에 어려움을 겪기도 한다. 그들은 너무 거칠고 공격적인 성향을 나타내기 쉬운데, 암컷들은 이런 성향에 겁을 집어먹는다. 암컷들은 알맞은 놀이친구가 없는 경우에도 대체로 어른이 될 준비를 잘 한다. 가까운 암컷 피붙이들을 보고 배울 수 있기 때문이다. 그래도 많은 놀이친구들과 떠들썩하게 함께 놀면서 자란 경우와 비교하면 사회 관계에서 서툰 모습을 보일 수 있다.

◀ 어린 비비의 호기심은 끝이 없다. 그래서 작은 조약돌도 대단한 흥미의 대상이 된다. 그러나 어미는 관심이 없어 보인다.

◀◀ 어린 비비들은 뛰놀면서 근육이 발달하고, 힘을 기르고, 복잡한 운동도 할 수 있게 된다.

▶ 갓난 비비도 바깥 세상에 흥미를 보이지만, 운동 능력이 부족해서 행동을 취하지는 못한다.

케냐 암보셀리의 노란개코원숭이 집단에서는 성비의 불균형 때문에 다른 종류의 문제가 발생한 적이 있다. 어느 해에 태어난 일곱 마리 비비 중에서 여섯 마리가 암컷이었다. 이 비비들이 어렸을 때에는 아무 문제도 없었다. 하지만 이들이 만 3살이 되자 모두들 어른들의 위계 질서에 편입하기 위한 서열 다툼에 뛰어들어 어른 암컷들에게 도전하기 시작했다. 그 결과 집단은 한동안 극심한 혼란을 겪어야 했다. 다툼이 엄청나게 빈발하면서, 비비들은 누가 누구에게 도전하고 있는지, 그리고 누가 지원하고 있는지조차 알 수 없게 되어 버렸다. 다행히, 그 암컷들이 어른의 위계 질서에 편입하면서 이 혼란기는 곧 끝이 났다.

 때로는 어린 비비와 침팬지가 함께 놀기도 한다. 그런데 이런 일에는 위험이 따른다. 침팬지가 비비를 사냥해서 잡아먹기 때문이다.

성숙

비비의 암컷들은 수컷보다 빠르게 성숙한다. 암컷은 처음 새끼를 낳으면 어른으로 분류하는데, 이 때의 나이는 만 7세 정도이다. 암컷은 만 4~5세가 되면 월경을 시작하지만, 이 때에는 난소에서 난자가 배출되지 않으므로 임신을 할 수 없다. 월경이 시작될 때부터 새끼를 갖기까지의 기간을 청소년기로 본다.

이에 반해 수컷들은 암컷보다 훨씬 더 늦게 사춘기에 도달하고 약 8~9세가 되어야 완전히 어른이 된다. 암컷과 수컷의 몸집이 확연히 다르기 때문이다. 수컷들도 약 5~6세까지는 암컷을 임신시킬 수 있게 되지만, 완전한 어른의 몸집을 갖기까지는 2~3년이 더 걸린다. 몸이 완전히 자라기 전까지는 다른 수컷과 효과적으로 경쟁할 수 없으므로, 수컷 비비들이 본격적으로 생식 활동을 시작하기까지는 암컷보다 훨씬 더 긴 기간이 소요된다.

사춘기에 접어든 수컷 비비들은 성장 속도가 급격히 증가한다. 그들은 갑자기 무럭무럭 자라서 잠깐 사이에 체격이 어른 암컷들을 앞지르게 된다. 큰 송곳니가 자라기 시작하는 것도 바로 이 시기이다. 또 다 자란 수컷 비비의 특징인 갈기가 길게 자라기 시작한다. 이 기간 동안, 수컷들은 왕성하게 분비되는 호르몬의 작용으로 서로에 대해, 어른 암컷들에 대해 서열 다툼을 벌이기 시작한다.

젊은 수컷들은 예측이 불가능하다. 그래서 여

▲ 젊은 암컷 비비는 어른들의 사회 관계에 들어가기 위한 방편으로 어른 암컷의 털고르기를 해 준다.

▶ 비비가 자칼을 만났다. 젊은 수컷 비비는 포식자의 공격을 받기 쉽다. 혼자 돌아다니면서 새로 들어갈 집단을 찾기 때문이다.

 수컷 비비는 혼자서 다 자란 표범 한 마리를 물리칠 수 있다.

러 수컷들이 동시에 사춘기에 접어들면, 그들이 자기 주장을 하는 법을 배우는 동안 삶이 고단해진다. 어른 암컷들은 이 시기를 가장 힘들어한다. 수컷이 어렸을 때에는 그 어미보다 서열이 낮은 암컷들도 그 수컷을 이길 수 있다. 하지만, 수컷이 청소년기에 접어들어 암컷들보다 몸집도 커지고 힘도 세지면 기존의 질서에 도전하기 시작한다. 암컷들이 먹이를 찾는 곳에서 내보내려고 할 때마다, 그들은 꼼짝도 하지 않고, 계속 귀찮게 굴면 공격을 하기도 한다. 암컷들도 상당히 완강하게 저항하지만, 청소년기의 수컷들은 차츰 모든 암컷을 제압해서, 집단 내의 어른 수컷들 바로 밑의 서열을 차지하게 된다.

새 삶을 찾아서

수컷들이 새로운 살 곳을 찾아 고향을 떠나는 것은 대체로 청소년기의 일이다. 그들이 집단 내의 어른 수컷들과 갈등을 빚는 경우도 있지만, 이런 일은 흔치 않다. 이 수컷 비비들은 어른 수컷들에 의해 쫓겨나는 것이 아니라, 자발적으로 떠난다. 청소년기에 이를 때까지 수컷들은 점차 자기 어미나 혈연 관계가 있는 다른 암컷들로부터 격리된다. 어린 수컷들은 어미의 털을 고르면서 긴 시간을 보내지만, 나이가 들면서 점차 그 시간이 줄어든다(하지만 어미들이 그들의 털고르기를 해 주는 시간은 그대로이다).

수컷들이 고향을 떠날 때에는 한동안 이별 연

습을 하기도 한다. 며칠 동안 정처 없이 돌아다니다가 다시 고향으로 돌아와 얼마 동안 머무는 것이다. 그러다가 고향 집단을 떠나 있는 시간이 점점 길어지면서, 결국은 돌아오지 않는 날이 온다. 운이 좋은 대다수에게 있어 이 일은 그들이 다른 집단에서 새 삶을 찾았다는 뜻이다. 그러나 운이 좋지 않은 몇몇 비비들은 혼자 있는 동안 포식자에 공격을 당해서 돌아오지 못하는 것일 수도 있다.

관계의 정립

젊은 암컷들에게 있어, 청소년기는 어른들의 복잡한 조직 속에 편입되어 그 집단의 위계 질서 속에서 제자리를 찾는 시기이다. 차크마개코원숭이의 젊은 암컷들은 이 때를 즈음해서 서로 연합 관계를 형성하기 시작하고, 동료들로부터 공격을 받으면 서로를 지켜준다. 그들은 또한 높은 서열의 어른들에게 털고르기를 해 주기 시작한다. 이는 높은 서열을 얻기 위해 도전할 때 그들로부터 지원을 받으려는 속셈일 것이다. 청소년기의 암컷들은 어른들에 비해 피붙이가 아닌 암컷들에게도 털고르기를 잘 해 준다. 또한 대가 없이 털고르기를 하는 경우도 많다. 청소년기의 암컷과 어른 암컷 사이의 털고르기는 대부분 한 방향으로만 이루어진다. 젊은 암컷이 모든 일을 떠맡는 것이다.

월경을 시작한 젊은 암컷들은 대체로 우열의 위계 질서 속에서 인정을 받게 되지만, 그렇게 인기가 있는 것은 아니다. 그러다가 첫째 새끼를 낳으면 상황이 급변한다. 젊은 어미들은 털고르기를 할 기회를 많이 얻는다. 어미가 됨으로써 집단 내에 더 완전하게 받아들여지기 때문일 것이다.

남아프리카공화국 웨스턴케이프의 어떤 차크마개코원숭이 개체군에서는, 한 집단의 구성원이 돌림병으로 거의 모두 죽은 뒤, 그 곳의 한 젊은 암컷이 새로운 집단으로 이주한 일이 있었다. 오랜 시간이 흐르도록 그 암컷에게 털고르기를 해 주는 것은 어린 비비와 청소년기의 수컷들밖에 없었다. 하지만 그 암컷이 새끼를 낳자 하루 아침에 상황이 변하고 말았다. 거의 모든 어른 암컷이 그 암컷의 털을 골라 주었고, 그 암컷도 그들의 털을 골라 주었다. 이런 관계는 그 암컷의 아들이 흥미를 끄는 단계를 지난 뒤에도 지속되었고, 이제 어느 누구도 그 암컷이 자기 집단에서 태어나 자라지 않았다는 사실을 의식하지 못하는 듯했다.

▶ 어미비비는 자기 새끼를
최대한 보호하려 하지만,
가끔씩은 다른 비비들이 새끼의
털을 고르도록 해 준다.

갈등과 대립

갈등과 대립

집단 생활을 하다보면 이따금씩 싸움이 일어날 수밖에 없다.
서로 다른 개체들은 어찌 되었든, 서로 다른 목적과 이해 관계를
갖기 때문이다. 비비들은 특히 공격적인 동물이라는 평판이 나 있지만,
이런 평가는 그들을 오해한 것이다. 수컷들이 서로 심하게 경쟁하고
공격적인 것은 사실이지만, 이는 짝짓기의 승부에 따른 이익과 손실이
그만큼 크기 때문이다. 하지만 수컷 비비들이 암컷이나 어린 비비와
맺는 관계에서 보듯이, 그들에게도 부드러운 면이 있다.
암컷 비비들은 수컷들에 비해 느긋한 편이지만, 그렇다고 해서 무조건
싸움을 피하지는 않는다. 집단 생활은 대립과 평화 사이에서 줄타기를
하는 것과 같다. 비비들은 집단의 다른 구성원으로부터 착취당하거나
그들과의 경쟁에서 지지 않아야 하는 동시에, 자기 집단이 조화를
이루도록 해야 한다. 집단 생활에서 이익과 손실의 균형을 맞추기
위해서는 다양한 사회 관계의 기술이 필요하다. 이 모든 것들은 비비의
삶을 복잡하고도 아주 매혹적이게 한다.

◀◀ 수컷 비비가 입을 크게 벌리고 커다란 송곳니를 드러내면서
위협적인 과시 행동을 하고 있다.

짝짓기 경쟁

비비 집단에서는 어른 암컷들이 언제나 수컷들보다 많아서, 그 수가 두 배 이상 된다. 젤라다 비비와 망토개코원숭이의 경우에는 그 차이가 훨씬 더 커서, 단 한 마리의 수컷이 열 마리에 이르는 암컷에 대해 독점적인 짝짓기 권리를 행사하기도 한다. 다른 사바나개코원숭이들은 한 집단에 포함된 수컷의 수가 암컷의 수에 의해 좌우된다. 수컷들은 짝짓기의 기회가 같아지는 방향으로 한 개체군 내의 여러 집단으로 퍼져 나가는 경향이 있다. 수컷들이 새로운 집단으로 이주할 때에는 암컷의 수에 대한 수컷의 수가 많은 집단으로부터 적은 집단으로 이동한다. 그 결과, 수

컷들의 짝짓기 가능성은 거의 같아진다. 큰 집단의 수컷들은 짝짓기할 기회가 많지만, 다른 수컷들과의 경쟁이 더욱 심하다. 이에 비해 작은 집단의 수컷들은 암컷의 수가 적은 만큼 짝짓기할 기회도 적지만, 이를 둘러싼 경쟁도 훨씬 더 적다.

집단이 매우 작은 경우는 수컷이 한 마리뿐이다. 적은 수의 암컷은 수컷 혼자서도 단속할 수 있다. 두 마리 이상의 암컷이 동시에 발정할 가능성은 매우 작기 때문이다. 다른 수컷들도 짝짓기할 가능성이 거의 없어 보이는 작은 집단으로는 들어올 생각을 하지 않고, 어디든 다른 곳으로 가 버린다. 하지만, 집단이 커지면 두 마리 이상의 암컷이 동시에 발정할 가능성도 매우 커진다. 이런 일이 일어나면 수컷은 궁지에 빠지게

수컷 비비가 경쟁자를 쫓아가며 짖고 있다. 비비 집단에서는 수컷들 간의 공격이 매우 흔한 일이다.

된다. 자기 몸을 둘로 나눌 수가 없기 때문이다. 그가 한 암컷을 지키고 그 암컷과 짝짓기하는 데에 정신이 팔린 동안, 다른 암컷의 관심은 온통 다른 수컷에게 쏠릴 수도 있다. 큰 집단에서는 이와 같이 짝짓기의 기회가 증가하기 때문에 다른 수컷들이 합류하는 것이다. 이 수컷들은 끝까지 싸워서 누가 새끼를 가질 수 있는 암컷과 짝짓기할 것인가를 결정한다.

신호와 위협

짝짓기를 위한 경쟁은 수컷 비비들 간에 빚어지는 불화의 씨앗이다. 암컷들을 차지하기 위한 싸움은 매우 격렬하게 오랫동안 지속된다. 수컷 비비들은 다양한 얼굴 표정으로 공격 신호를 보낸다. 상대를 똑바로 노려보면서 눈썹을 올리는 것은 위협의 표정이다. 하품을 하듯이 입을 크게 벌리면 그 효과가 증대된다. 송곳니를 상대에게 보여 주면서 장난이 아니라는 뜻을 전하는 것이다. 겔라다비비의 수컷은 이와 비슷한 뜻을 전하기 위해 '입술 뒤집기'를 한다. 이들의 윗입술은 아주 잘 움직여서 코 위로 뒤집히면서 위협적인 이빨을 드러낼 수 있다. 이런 위협을 받은 낮은 서열의 수컷들은 두려움으로 얼굴을 일그러뜨리면서 공격적인 수컷에게 꽁무니를 보여 준다. 그들은 서열이 높은 수컷이 지나갈 때마다 옆으로 몸을 기울이기도 한다. 아니면 펄쩍 뛰어 길을 비켜 주기도 한다. 실제로 싸움이 일어나면 수컷들은 커다란 송곳니로 서로를 물어 상처를 낸다. 그들은 대개 상대방의 머리 부분을 공격하기 때문에, 대부분의 상처가 코끝과 목에서 발견된다.

★ 수컷 망토개코원숭이들은 다른 수컷들과 암컷들의 관계를 존중할 줄 안다. 어떤 암컷이 다른 수컷과 서로 털고르기를 해 주는 것을 알게 된 수컷은 그 암컷에게 접근하려고 하지 않는다.

◀ 위협을 받은 비비는 두려움으로
얼굴을 일그러뜨리고 더 친한
비비에게 가서 위안을 구한다.

◀◀ 수컷의 송곳니는 매우
날카롭다. 수컷들은 윗송곳니를
아래턱에 나 있는 특별한
이에 대고 갈아서 계속
날카롭게 만든다.

이런 상처는 거죽만 긁히거나 베인 것에서부터 깊숙이 찔린 것까지 다양하다. 팔과 어깨 부분의 상처도 흔하다. 남아프리카공화국 웨스턴케이프의 한 늙은 차크마개코원숭이는 훨씬 더 젊은 수컷과의 오랜 싸움 끝에 꼬리를 반이나 잘렸다고 한다. 하지만 비비의 회복 능력은 매우 놀랄만하다. 상처를 입은 지 24시간 이내에 상처가 꾸덕꾸덕해지면서 낫기 시작하기 때문이다.

많은 수컷들의 코끝에 있는 흉터와 부러진 손가락, 빠진 이빨 등은 그들이 짝짓기를 얼마나 중요하게 여기는가를 말해 주는 증거들이다. 겔라다비비와 망토개코원숭이의 수컷들은 한 무리의 암컷을 놓고 싸움을 벌인다. 겔라다비비의 경우, 하렘을 갖지 못한 젊은 수컷들은 자기들끼리 함께 모여 살면서, 끊임없이 가로챌 수 있는 하렘이 없는지 살핀다. 젊은 수컷들은 종종 릴레이 경기를 하듯이 하렘을 가진 수컷을 공격한다. 그 수컷이 지칠 때까지 교대로 뒤쫓고 싸우고 괴롭히는 것이다. 그래도 젊은 수컷들은 지치지 않는다. 공격하는 중간중간에 휴식을 취할 수 있기 때문이다.

하렘을 가진 수컷 비비의 힘이 떨어지면 젊은 수컷 한 마리가 그에게 도전해서 하렘의 소유권을 놓고 결정적인 싸움을 벌인다. 그러나 하렘 가로채기의 성공 여부를 궁극적으로 결정하는 것은 암컷들이다. 새 수컷의 생김새가 마음에 들

두 수컷 비비가 싸우고 있다.
이런 싸움은 평생 흉터가 남는
심한 부상을 낳기도 한다.

지 않으면, 암컷들은 그가 아무리 강하고 씩씩할지라도 그를 새로운 지도자로 인정하지 않고 본래의 수컷 밑에 머문다. 큰 하렘은 작은 하렘보다 가로채기가 쉽다. 하렘의 수컷이 모든 암컷들에게 충분히 애정을 쏟을 수 없기 때문이다. 따라서 그들은 기존의 수컷에 대한 충성심이 약해서 새내기를 편들 가능성이 크다.

배우자 관계

겔라다비비와 달리 사바나개코원숭이들은 그날그날 암컷을 놓고 싸워야만 한다. 암컷들이 새끼를 가질 수 있게 되면 수컷들은 그들과 배우자 관계를 맺고 계속 옆에 달라붙어서 다른 수컷들의 접근을 막는다. 이 경우에도, 마지막 결정권은 암컷에게 있다. 암컷이 어떤 수컷과 배우자 관계를 맺고 싶지 않으면, 그가 다가올 때마다 비명을 지르고 도망치거나 숨기도 한다. 이렇듯 어떤 수컷의 짝짓기에 대해 최종 결정권은 암컷에게 있다.

사바나개코원숭이들 사이에는 서열이 높은 수컷들이 짝짓기에 성공할 가능성이 가장 크다. 그도 그럴 것이, 그들은 다른 수컷들을 확실히 쫓아버릴 수 있고, 암컷들은 다른 수컷들보다 그들에게 더욱 끌리기 때문이다. 하지만 낮은 서열의 수컷들도 순순히 굴복하지는 않는다. 서아프리카의 노란개코원숭이와 아누비스개코원숭이들은 수컷들이 팀을 이루어 연합을 형성하고, 힘을 합쳐 배우자 관계를 깨뜨리기도 한다.

연합을 형성한다는 것은 이 비비들 사이에서

는 배우자 관계가 아주 짧아서 몇 시간밖에 지속되지 않는다는 뜻이다. 반면, 남아프리카 차크마개코원숭이 수컷들은 한 번에 몇 주까지 배우자 관계를 유지한다. 이 비비의 수컷들은 연합을 형성하지 않기 때문이다. 차크마개코원숭이의 배우자 가로채기는 평온한 가운데 잠자리에서 이루어진다. 저녁때 암컷 한 마리가 수컷 한 마리와 함께 나타나서는 이튿날 아침 다른 수컷과 함께 떠난다. 다른 수컷들은 배우자 관계를 존중하는 것처럼 보이며, 수컷을 괴롭히거나 암컷을 꼬드리려 하지 않는다. 동아프리카보다 열악한 환경에서 사는 차크마개코원숭이들로서는, 힘이 드는 데다 실패할 수도 있는 암컷을 둘러싼 싸움에 에너지를 쏟기가 어려운 것이다.

망토개코원숭이의 수컷들도 자기 무리의 암컷들과 배우자 관계를 맺는다. 배우자 관계를 맺은 수컷은 경쟁 상대가 될 수 있는 수컷들과 복잡한 인사 행동을 한다. 이 행동은 수컷들이 잠자리에서 떠날 방향을 결정할 때 하는 통보 행동과 같은 것이다. 배우자 관계를 맺은 수컷이 특유의 비틀거리는 발걸음으로 경쟁자에게 다가가면, 두 마리 수컷은 입술을 쩝쩝거리거나 꽁무니를 보여 주는 것 같은 다양한 인사 행동을 나눈다.

배우자 관계를 맺은 수컷들이 이런 행동을 하는 것은 자기와 다른 수컷들 사이에서 발생할 수 있는 긴장 관계를 누그러뜨리기 위한 것이다. 그들은 자칫하면 암컷을 둘러싸고 싸움이 벌어질 수도 있는 관계를 회복하기 위해서 다른 수컷들에게 이런 행동을 한다. 인사 행동은 수컷들로 하여금 다른 것들의 힘을 알아보고 정말 싸울 것인지에 대해 정확한 판단을 내릴 수 있도록 해 준다. 배우자 관계를 맺은 수컷에게 꽁무니를 보여 주지 않는 경쟁자는 머지않아 분쟁을 일으킬 수 있다. 한편, 모든 경쟁자들에게 너무 자주 인사 행동을 하는 배우자 관계의 수컷은 다른 수컷들에게 두려움과 위협을 느끼고 있음을 보여 준다. 수컷들은 이런 징후들을 이용해서 배우자 관계를 놓고 싸울 때의 성공 가능성을 점친다.

수컷과 어린 비비들

수컷들이 짝짓기를 놓고 벌이는 경쟁의 매우 극단적인 형태가 유아 살해, 즉 어린 새끼를 죽이는 일이다.

어떤 사바나개코원숭이 개체군에서는, 한 집단에 새로 들어온 수컷이 이따금씩 어린 새끼들을 죽인다. 그러면 그 새끼의 어미가 짝짓기를 할 수 있는 상태가 된다. 어미가 젖을 먹이는 동안에는 다시 새끼를 가질 수 없다. 난소에서 난

자가 성숙해서 배출되기 위해 필요한 호르몬의 생산이 중단되기 때문이다. 그래서 보통, 어미비비들은 출산 후 9~12개월이 지나 새끼가 젖을 떼고 단단한 먹이를 먹기 시작한 뒤에나 임신을 할 수 있게 된다. 어미에게 어린것의 죽음은 젖을 먹이지 않게 된다는 뜻이고, 이는 훨씬 일찍부터 생식 호르몬이 다시 방출되기 시작한다는 뜻이다.

수컷들은 으뜸 수컷의 지위에 있는 몇 년 동안만 짝짓기 경쟁에 효과적으로 임할 수 있다. 그들은 어린 새끼를 죽임으로써, 젖을 뗄 때까지 기다리지 않고 빨리 그 어미와 짝짓기할 수 있게 된다. 어린 새끼를 잃은 어미에게 있어 그 손실을 회복할 수 있는 길은, 수컷과 짝짓기를 해서 최대한 빨리 다시 새끼를 갖는 것밖에 없다.

공격 방향의 전환

일부 수컷 비비들 사이에서 발생하는 유아 살해는 수컷들이 보이는 또 다른 예외적인 행동을 설명해 준다. 어떤 수컷 비비는 다른 수컷으로부터 공격을 받으면, 어린 새끼를 낚아채서 상대방에게 내놓는다. 어린 새끼는 그 수컷이 더 이상 공격을 받지 않도록 지켜주는 존재가 된다.

보츠와나공화국의 어느 차크마개코원숭이 개체군에서는 더욱 놀라운 일이 확인되었다. 자기 새끼로 보이는 어린것들을 데리고 있는 수컷들이 발견된 것이다. 자기 집단에 새로 들어온 수컷이 있을 때에는 특히 더했다. 이런 일은 수컷들이 자기 새끼를 유아 살해로부터 보호하려는 인상을 준다. 충분히 가능한 일이다. 하지만 이런 행동에는 상당한 위험이 따른다. 결국은 어린

◀ 수컷 아누비스개코원숭이가 위협적인 태도로 입을 크게 벌리고 있다. 새끼를 가질 수 있는 암컷과 배우자 관계를 맺은 수컷은 경쟁자들에게 종종 공격적인 태도를 취한다.

▶ 겔라다비비의 수컷이 뒷다리로 서서 위험한 일이 없는지 살피고 있다. 수컷들은 포식자는 물론, 다른 수컷들의 공격도 경계해야 한다.

것을 싸움의 전면에 내놓는 셈이 되기 때문이다. 이에 대한 또 다른 해석은, 어린것을 위험에 빠뜨리는 것이 수컷의 의도라는 것이다. 수컷은 자기 새끼를 싸움에 끌어들임으로써, 새끼가 다치는 것을 막기 위해 싸울 준비가 되어 있다는 신호를 보낸다는 뜻이다. 사실, 그 수컷은 상대방이 허세를 부리지 못하도록 하고 진짜 싸움이 벌어지는 것을 막으려는 것이다. 어린것의 존재는 더욱 직접적인 의미에서도 도움이 될 수도 있다. 검은 털과 분홍빛 얼굴의 갓난 새끼비비는 어른 비비들에게 보호 본능을 일으킨다. 그런 어린 비비가 갑자기 등장하면 상대방을 동요시켜 공격성을 누그러뜨림으로써 싸울 생각이 없어지도록 할 수 있다. 대부분의 경우 상대방이 물러나기 때문에 수컷의 이런 전략은 효과가 있는 듯하다.

살아 있는 방패

수컷들은 어린 새끼들을 암컷의 지원을 확보하기 위한 방편으로 이용하기도 한다. 어린 새끼가 위협을 받으면 그 어미와 피붙이들이 공격자를 쫓아가 반격하는 경우가 많다. 겔라다비비의 수컷은 어린 새끼를 이용해서 경쟁자에게, 계속 싸우려고 하면 그 어미와 모든 일가붙이들의 노여움을 살 수 있다는 신호를 보낸다. 젊은 추종자 수컷은 이런 식으로 행동할 가능성이 높다. 추종자란 공격적으로 가로채려는 시도를 하지 않으면서 다른 수컷의 하렘을 따라다니는 수컷을 말한다. 두 수컷은 대개 사이좋게 지낸다. 하지만, 하렘의 주인이 추종자를 위협하는 경우도

있다. 그러면 추종자는 하렘의 주인이 물러나도록 하기 위해 잽싸게 어린 새끼를 붙잡는다. 하렘의 주인은 보통 추종자보다 힘이 세지만, 하렘의 모든 암컷이 힘을 합쳐 공격하는 데에는 당할 재간이 없다. 이런 전략의 성공은, 젊은 추종자 수컷이 어떤 하렘에 들어갈 때 제일 먼저 해야 할 일이 어린 새끼가 있는 암컷들과 좋은 관계를 맺는 것이라는 사실을 말해 준다. 어린 비비가 그 수컷 주위에 있고 싶어하고, 수컷 자신도 그렇게 되도록 노력하면, 그는 필요할 때마다 살아 있는 작은 방패를 손에 넣을 수 있다.

집단 간의 싸움

비비들은 숲에 사는 대다수 원숭이들처럼 텃세가 심하지 않다. 그들은 다른 비비 집단에 대해 세력권을 지키려고 하지 않는다. 실제로, 비비의 행동권은 상당 부분이 서로 겹친다.

그러나 서로 다른 비비 집단이 동시에 같은 지역에서 나타나는 경우는 거의 없다. 비비 집단들은 가능한 한 서로를 피하려 하는 것처럼 보인다. 이런 일은 먹이를 둘러싼 경쟁을 줄여 줄 수 있다. 암컷들에게는 이 점이 중요하다. 하지만 다른 집단에 대해 가장 강한 거부 반응을 나타내는 것은 수컷들이다. 이는 자기들의 짝짓기 권리를 지키려는 일과 관련이 있다. 비비의 수컷들은 다른 집단의 발정한 암컷들과도 짝짓기를 하는 것으로 알려져 있다. 한편 젊은 암컷들도 기회만 주어지면 낯선 수컷들과 짝짓기를 하려고 한다.

따라서 수컷들은 다른 집단의 수컷들이 일으킬 문제에 매우 예민할 수밖에 없고, 가능한 한 다른 집단을 피하려는 행동을 취한다.

남아프리카공화국 드라켄즈버그 산맥에 사는 차크마개코원숭이의 경우, 평균보다 많은 암컷이 있는 집단의 수컷들은 다른 집단이 있으면 자기들의 암컷을 불러들여서 지킨다. 그리고 다른 수컷들이 합류하면 그들 사이의 경쟁이 심해지므로 일정한 거리를 두려고 한다. 자기들이 다른 집단을 향해 가고 있다는 것을 알게 되면, 그들은 방향을 바꿔 서로 접근하지 않으려 한다. 이런 결정은 2 km나 떨어진 곳에서도 내려질 수 있다. 산악의 서식지에서는 먼 곳까지 시야가 확보되기 때문인데, 이는 수컷들이 장차 다가올 위험을 미연에 방지하려 한다는 것을 입증해 준다. 그 정도 거리의 집단들은 직접적인 위험이 되지 않기 때문이다.

짝짓기 중

암컷 비비가 짝짓기를 할 때에는 큰 소리를 지른다. 이 소리를 들은 다른 수컷들은 그 암컷이 발정했다는 것을 알게 되어, 자기도 그 암컷과 짝짓기를 하려 한다. 암컷들이 이런 소리를 내는 이유는 자기 새끼가 좋은 아비를 갖도록 하려는 것으로 생각된다. 가장 잘 싸운 수컷만이 짝짓기할 기회가 있기 때문이다. 아니면 암컷들이 유아 살해의 위험을 줄이려고 하는 것일 수도 있다. 돌아가면서 여러 수컷들과 짝짓기를 하면, 그들 모두 장차 태어날 새끼의 아비가 될 가능성이 있으므로 자기 새끼일지도 모르는 새끼를 죽이지 않을 것이라는 뜻이다. 하지만 차크마개코원숭이에게는 이 두 주장 모두 적용되지 않는다. 암컷들이 한 수컷과 오랫동안 배우자 관계를 맺는 경향이 있어서, 다른 수컷들에게는 짝짓기할 기회가 없기 때문이다.

암컷들의 다툼

암컷들은 수컷들과 달리, 다른 집단에 대해서는 별로 염려하지 않는 것처럼 보인다. 그들의 반목과 갈등은 대부분 자기 집단 내에서 일어난다. 암컷들 간의 공격 수준도 그들이 아프리카 대륙의 어느 지역에 사는가에 따라 달라진다. 산악 지대에 사는 차크마개코원숭이와 젤라다비비의 암컷 간에는 공격이 일어나는 일이 드물다. 이들이 먹고 사는 풀은 충분하게 널리 퍼져 있기 때문에, 먹이를 둘러싼 다툼이 거의 없다. 하지만 다른 서식지에 사는 비비의 암컷들 간에는 공격이 훨씬 자주 발생한다. 예를 들어 남아프리카 공화국 음쿠지 금렵구의 암컷들은 1시간에 적어도 한 번은 다른 암컷에게 싸움을 건다. 음쿠지

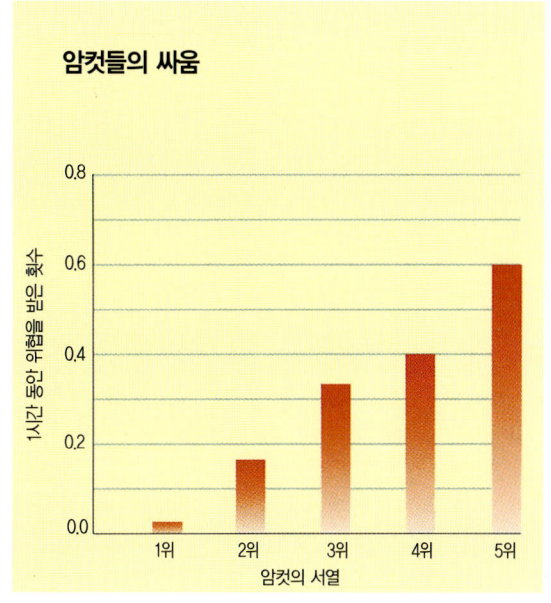

암컷들의 싸움

낮은 서열의 암컷들은 높은 서열의 암컷들보다 훨씬 더 많은 위협을 받는다.

싸우는 비비들. 왼쪽 비비는 오른쪽의 더 우세한 비비를 향해 복종의 자세를 취하고 있다.

많은 위협적인 과시 행동이 엄포로 끝난다.
수컷들은 이런 행동을 통해 실제로 공격이
일어나는 것을 피하려 한다.

에서는 비비가 먹고 사는 많은 것들이 나무에서 자라는데, 이것들은 고르게 퍼져 있지 않고 특정 지역에서만 발견된다.

모든 먹이가 한 그루의 나무에만 모여 있으면 한두 마리의 지배적인 비비가 먹이를 독점하고 다른 비비들을 내쳐 버리기 쉽다. 따라서 암컷들은 양질의 먹이를 얻기 위해 서로 싸우게 된다.

암컷들 사이의 다툼은 대부분 금방 끝이 나는데, 서열과 관련된 것이 많다. 예를 들면, 높은 서열의 암컷들은 종종 먹이가 있는 곳을 내놓지 않으려는 낮은 서열의 암컷들을 공격한다.

경우에 따라서는 수컷이 암컷들 간의 싸움에 끼어들어서, 어느 한 마리나 두 마리 암컷을 모두 쫓아 버려 싸움을 말리기도 한다. 이 수컷은 어느 한 암컷의 '특별한 친구' 일 수도 있지만, 어느 쪽과도 특별한 관계를 맺지 않은 지배적인 수컷이 끼어드는 경우도 있다. 대부분의 경우, 수컷이 개입하면 두 암컷 간의 싸움은 더 이상 진전되지 않는다.

화해

비비의 집단에서 일어날 수 있는 모든 갈등과 대립을 생각해 볼 때, 평화를 유지하기 위한 특별한 방법이 없다면 그들은 금방 혼란에 빠져들 수밖에 없을 것이다. 암컷들은 특히 싸운 후에 화해를 잘 한다. 싸움의 당사자들에게는 이런 화해의 행위가 매우 중요한 의미를 갖는다. 그들은 화해를 선언하고 다시는(최소한 당분간은) 서로를 공격하지 않겠다는 신호를 보낸다. 이는 매우 중요하다. 공격은 스트레스를 증가시켜서 중대한 결과를 낳을 수 있기 때문이다. 다량의 스트레스 호르몬이 분비되는 비비들은 임신이 잘 안 되고, 병에 걸릴 가능성도 크다. 단기적으로는, 긴장을 해서 작은 일에도 깜짝깜짝 놀라기 쉽다. 언제 다시 공격을 당할지 알 수 없기 때문이다. 그러다 보면 먹이 찾기 같은 일상적인 일도 잘 못하게 된다.

과학자들은 동물들이 보이는 '자기를 향한 행동'의 빈도를 통해서 동물들이 경험하는 스트레스의 정도를 측정할 수 있다. 자기를 향한 행동은 자기 몸을 긁거나 자기의 털을 고르는 것 같은 일을 말한다. 사람들도 초조하고 불쾌한 상황에 놓이면 비슷한 행동을 한다. 손톱을 물어뜯는 것 같은 일이 그것이다. 비비들도 비슷한 행동을 한다. 과학자들은 비비들이 보이는 이런 행동의 양

이 그들이 받는 스트레스의 확실한 지표가 된다는 것을 발견했다. 예를 들어 두 마리 비비가 싸운 뒤에는, 상대방과 화해하기까지 몸을 긁는 빈도가 늘어난다. 과학자들은 비비의 이런 몸을 긁는 행동을 관찰함으로써 특정한 상황에 대해 비비들이 어떻게 느끼는지를 간파할 수 있다.

예를 들어 높은 지위의 비비와 낮은 지위의 비비가 털고르기를 할 때, 지위가 낮은 비비에게서는 스트레스를 받는다는 증거가 나타난다. 털고르기가 아무리 다정한 분위기에서 이루어진다고 해도 그렇다. 하지만 비슷한 서열의 비비들이 털고르기를 할 때에는 이런 일이 일어나지 않는다. 같은 서열 사이에서 이루어지는 털고르기는 지배자와 피지배자 사이의 털고르기와 본질적으로 전혀 다르다는 뜻이다.

스트레스를 해소하기 위해서 사바나개코원숭

때로는 엄포가 통하지 않아 실제로 싸움이 벌어진다. 수컷들은 물론 암컷들도 오랫동안 싸움을 할 수 있다. 하지만 암컷들은 수컷들에 비해 적은 피해를 주고받는다.

이 암컷들은 서로 끙끙거리는 소리를 내면서 화해의 신호를 보낸다. 이는 상당히 드문 일이다. 대부분의 다른 원숭이들은 털고르기 같은 신체 접촉을 통해 화해를 하기 때문이다. 다툼이 있었던 두 암컷을 계속 관찰해 보면 한 마리가 다른 하나에게 다가가 부드럽게 끙끙대는 소리를 내는 것을 볼 수 있다. 이 일은 애초에 싸움이 일어난 직후에 이루어질 때가 많아서, 싸움이 끝나고 겨우 1~2분 후에 이루어지기도 한다. 일단 이런 평화로운 관계가 되면 그 암컷들이 단시간 내에 서로를 다시 공격할 가능성은 크게 감소한다. 그들은 또한 훨씬 느긋해져서 자기를 향한 행동도 눈에 띄게 줄어든다.

화해의 중요성은 암컷들 사이의 관계에 의해 좌우된다. 암컷 비비들은 높은 서열의 암컷이나 어린 새끼의 어미들과 특히 더 화해를 하려고 한다. 그 이유는 이들과 잘 지내면 특별한 이익을

▲ 싸움이 끝나면 비비들은 서로 털을 골라 주면서 마음을 가라앉히고 화해를 할 수 있다.

▶ 다른 동물들과 붙어서 산다는 것은 상당한 스트레스가 될 수 있다. 비비들은 스트레스를 경감하기 위한 특별한 행동의 기구를 갖고 있다.

 **몸으로 말해요**

비비들은 다양한 자세와 표정을 이용해서 서로에게 의사를 전한다. 사귀고 싶은 비비를 쳐다볼 때에는 유혹하는 듯한 표정을 짓는다. 이 표정은 귀를 머리 뒤쪽으로 바짝 잡아당기고 눈썹을 올리면서 입술을 쩝쩝거리는 것이다. 입술을 쩝쩝거리는 것은 갓난 비비와 어미 사이, 또는 서로 털고르기를 하는 비비들처럼 친근한 관계에서는 언제든지 볼 수 있는 행동이다. 발정한 암컷들을 꾀어 내려는 수컷들도 입술을 쩝쩝거린다. 암컷 비비들은 서로 옆구리를 건드리거나 껴안는 행동으로 친밀감을 표현하기도 한다. 수컷들은 이런 행동까지 보여 주지는 않지만, 수컷 아누비스개코원숭이들은 서로의 고환을 살짝 건드려서 의리를 과시하기도 한다.

얻을 수 있기 때문이다. 높은 서열의 암컷은 먹이가 있는 곳에 접근하도록 해 줄 수 있고, 어미들에게 털고르기를 해 주면 어린 비비를 만져 볼 수 있다.

가족의 가치

비비들은 그들의 사회 속에서 평화롭게 모여 살고 집단 생활의 이익을 얻기 위해서 싸운 뒤에는 반드시 화해를 한다. 비비들이 소란스럽고 위협적으로 느껴지는 것은 사실이지만, 대부분의 공격적인 행동은 엄포에 불과하다. 특히 비비들이 사람을 위협하거나 공격하는 것은, 그들이 궁지에 몰려 달리 달아날 길이 없을 때뿐이다. 공격과 지배는 비비 사회의 조직에서 핵심적인 역할을 한다(그리고 특히 사람들의 눈길을 붙든다). 그러나 언제나 폭력보다는 사회 관계의 기술이 효과를 발휘한다. 비비의 일생은 친밀한 가족 관계, 어린것들에 대한 보살핌, 열성적인 사회 관계로 점철된다. 그럼에도 불구하고 비비가 공격적이고 위험한 동물로 간주된다는 것은 참으로 얄궂은 일이다. 비비를 이해한다는 것은 우리 사회 생활의 여러 특징을 이해한다는 것을 의미한다. 가족의 가치는 우리가 인식한 것보다 훨씬 더 오랫동안 중요한 의미를 갖고 있었다.

찾아보기